楼梯

房屋建筑构造之

楼梯信息化教学研究

于瑾佳　王　琳　著

U0272804

吉林大学出版社

·长春·

图书在版编目（CIP）数据

房屋建筑构造之楼梯信息化教学研究 / 于瑾佳，王琳
著 . —长春：吉林大学出版社，2021.10
　ISBN 978-7-5692-9088-2

　Ⅰ．①房… Ⅱ．①于… ②王… Ⅲ．①楼梯－建筑构
造－信息化－教学研究 Ⅳ．① TU22-39

　中国版本图书馆 CIP 数据核字（2021）第 208891 号

房屋建筑构造之楼梯信息化教学研究
FANGWU JIANZHU GOUZAO ZHI LOUTI XINXIHUA JIAOXUE YANJIU

作　　者　于瑾佳　王　琳　著
策划编辑　邵宇彤
责任编辑　王凯乐
责任校对　冀　洋
装帧设计　阅平方
出版发行　吉林大学出版社
社　　址　长春市人民大街 4059 号
邮政编码　130021
发行电话　0431-89580028/29/21
网　　址　http://www.jlup.com.cn
电子邮箱　jdcbs@jlu.edu.cn
印　　刷　定州启航印刷有限公司
开　　本　170mm×240mm
印　　张　12.25
字　　数　213 千字
版　　次　2021 年 10 月第 1 版
印　　次　2021 年 10 月第 1 次
书　　号　ISBN 978-7-5692-9088-2
定　　价　50.00 元

前　言

　　近年来，随着教育改革的发展，信息化教学已成为新时代教育教学的新趋势，从国家层面至省级再到学校，越来越重视信息化教学工作的开展，并通过信息化教学比赛来提高信息化教学水平。作者总结教学经验，对土建类专业"房屋建筑构造"课程中的一个重点学习项目——楼梯做了信息化教学设计。本书凝聚了作者建筑工程技术、工程造价专业数十年的专业教学经验，结合当前信息化教学和"1+X"证书的需要，形成一套有特色的教学方案和教学模式，在实际教学过程中取得了良好的教学效果，并凭借此设计参加河北省职业院校技能大赛——教师教学能力比赛，获得三等奖。

　　本书在编写过程中，编者查阅了大量的文献资料，借用了其中一些图表及内容，在此向原作者致以衷心的感谢。

　　由于编者水平有限，加之时间仓促，书中难免存在缺漏和错误之处，敬请广大读者和专家批评指正。

编　者

目录

第一章　建筑工程技术专业

人才培养方案

一、专业名称及代码

专业名称：建筑工程技术。

专业代码：540301。

二、入学要求

招生对象：普通高级中学毕业生、中等职业学校毕业或具备同等学力。

三、修业年限

基本学制：全日制三年。

四、职业面向

表 1-1 建筑工程技术专业职业面向分析表

所属专业大类（代码）	所属专业类（代码）	对应行业（代码）	主要职业类别（代码）	主要岗位类别（或技术领域）	职业资格证书或技能等级证书举例
土木建筑大类（54）	土建施工类（5403）	土木工程建筑业（48）房屋建筑业（47）	建筑工程技术人员（2-02-18）	施工员质量员资料员材料员BIM建模BIM建模	施工员证书质量员证书资料员证书材料员证书BIM建模师证书

五、培养目标

本专业培养理想信念坚定，德、智、体、美、劳全面发展，具有一定的科学文化水平，良好的人文素养、职业道德和创新意识，精益求精的工匠精神，较强的就业能力和可持续发展的能力；掌握建筑工程技术专业知识和技术技能，面向土木工程建筑业、房屋建筑业等行业的建筑工程技术人员职业群和能够从事建筑工程施工与管理相关工作的高素质技术技能人才。

六、培养规格

本专业毕业生应在素质、知识和能力等方面达到以下要求。

1. 素质

具有正确的世界观、人生观、价值观。坚决拥护中国共产党领导，树立中国特色社会主义共同理想，践行社会主义核心价值观，具有深厚的爱国情感、国家认同感、中华民族自豪感；崇尚宪法、遵守法律、遵规守纪；具有社会责任感和参与意识。

具有良好的职业道德和职业素养。崇德向善、诚实守信、爱岗敬业，具有精益求精的工匠精神；尊重劳动、热爱劳动，具有较强的实践能力；具有质量意识、绿色环保意识、安全意识、信息素养、创新精神；具有较强的集体意识和团队合作精神，能够进行有效的人际沟通和协作，与社会、自然和谐共处；具有职业生涯规划意识。

具有良好的身心素质和人文素养。具有健康的体魄和心理、健全的人格，能够掌握基本运动知识和一两项运动技能；具有感受美、表现美、鉴赏美、创造美的能力，具有一定的审美和人文素养，能够形成一两项艺术特长或爱好；掌握科学的学习方法，具有良好的生活习惯、行为习惯和自我管理能力。

2. 知识

（1）掌握必备的思想政治理论、科学文化基础知识和中华优秀传统文化知识。

（2）熟悉与本专业相关的法律法规以及环境保护、安全消防、文明生产等相关知识。

（3）掌握投影、建筑识图与绘图、建筑材料应用与检测、建筑构造、建筑结构的基本理论与知识。

（4）掌握建筑施工测量、建筑施工技术、建筑施工组织与管理、建筑工程质量检验、建筑施工安全与技术资料管理、建筑工程计量与计价、工程招投标与合同管理方面的知识。

（5）掌握建筑信息化技术和计算机操作方面的知识。

（6）了解土建专业主要工种的工艺与操作知识。

（7）了解建筑水电设备及智能建筑等相关专业的基本知识。

（8）熟悉建筑新技术、新材料、新工艺、新设备方面的基本知识。

3. 能力

（1）通用能力

①具有探究学习、终身学习、分析问题和解决问题的能力。

②具有良好的语言、文字表达能力和沟通能力。

③具备一定的英语阅读、翻译能力。

④具有团队合作能力。

⑤具有健康的体魄和良好的心理素质。

⑥自我管理、自我发展，具有能较快适应新岗位工作的能力。

⑦具有良好的思想政治素质、行为规范、职业道德和遵纪守法精神。

⑧具有与大学专科相适应的文化基础知识及人文、社会、自然基础知识。

（2）专业技术能力

①能熟练识读土建专业施工图，准确领会图纸的技术信息，能绘制土建工程竣工图和施工洽商图纸，能识读设备专业的主要施工图。

②能对常用建筑材料进行选择、进场验收、保管与应用，能对建筑材料进行常规检测。

③能应用测量仪器熟练地进行施工测量与建筑变形观测。

④能编制建筑工程常规分部分项工程施工方案并进行施工交底，能参与编制常见单位工程施工组织设计。

⑤能按照建筑工程进度、质量、安全、造价、环保和职业健康的要求科学组织施工和有效指导施工作业，并处理施工中的一般技术问题。

⑥能对建筑工程进行施工质量和施工安全检查与监控。

⑦能正确实施并处理施工中的建筑构造问题。

⑧能对施工中的结构问题做出基本判断和定性分析，能处理一般的结构构造问题。

⑨能根据建筑工程实际收集、整理、编制、保管和移交工程技术资料。

⑩能编制建筑工程量清单报价，能参与施工成本控制及竣工结算，能参与工程招投标。

⑪能应用 BIM 等信息化技术、计算机及相关软件完成岗位工作。

⑫能进行 1～2 个土建主要工种的基本操作。

七、课程设置及要求

主要包括公共基础课程和专业课程。课程名称务必要求规范和统一，每门课程应明确讲授与实践的学时数，并符合课程标准的要求。

（一）公共基础课程

1. 军事训练（总学时：112 学时；实践教学：112 学时、14 天）

课程目标：通过军事课教学，让学生了解并掌握军事基础知识和基本军事技能，增强国防观念、国家安全意识和忧患危机意识，弘扬爱国主义精神、传承红色基因、提高学生综合国防素质。

主要内容包括共同条令教育与训练、射击与战术训练、防卫技能与战时防护训练、战备基础与应用训练。

教学应满足教育部、中国共产党中央军事委员会国防动员部联合制定的《普通高等学校军事课教学大纲》要求,军事训练应具备训练场地、军用装备器材、军民通用装备器材等条件;教师必须在政治上从严要求,具备一定的思想素质、军事素质和业务能力;教学过程要坚持按纲施训、依法治训的原则,积极推广仿真训练和模拟训练。军事训练一般安排在大一前两周。

2.军事理论(总学时:36学时;讲授学时:36学时)

课程目标:通过军事课教学,让学生了解并掌握军事基础知识和基本军事技能,增强国防观念、国家安全意识和忧患危机意识,弘扬爱国主义精神、传承红色基因、提高学生综合国防素质。

主要内容包括中国国防、国家安全、军事思想、现代战争和信息化装备。

教学应满足教育部、中国共产党中央军事委员会国防动员部联合制定的《普通高等学校军事课教学大纲》要求,教师必须在政治上从严要求,具备一定的思想素质、军事素质和业务能力;教学过程中使用优质教材,确保教材的政策性、权威性和规范性;教学方法坚持课堂教学和教师面授在军事课教学中的主渠道作用,重视信息技术和慕课、微课、视频公开课等在线课程在教学中的应用和管理。

3.形势与政策(总学时:32学时;讲授学时:32学时)

课程目标:通过进行形势与政策基本理论和基础知识教育、国内外重要的形势与政策教育、社会热点问题剖析、国际形势分析等,使学生正确认识党和国家的路线、方针、政策,明白自身肩负的历史使命,树立正确的世界观、人生观和价值观,坚定建设中国特色社会主义的理想和信念,增强执行党的基本路线、基本纲领的自觉性和坚定性。

主要内容包括加强党的全面领导、全面从严治党,我国经济社会发展,港澳台工作,国际形势与政策等。

教学要求:授课教师政治立场坚定、原则性强,具备较强的政策敏感性和分析判断能力,关注国内外大事,善于辩证分析问题,能够引导学生对国际国内大事和热点焦点问题进行全面客观的思索和思辨,去伪存真、明辨是非。本课程教学可采用课堂讲授、典型案例分析和小组讨论等方法。

4.思想道德修养与法律基础(总学时:54学时;讲授学时:40学时;实践学时:14学时)

课程目标:通过本课程教学使学生明确党和国家对大学生的希望和要求,明确自身肩负的历史使命,引导学生树立崇高的理想信念;使学生掌握思想道德修养和法律知识；使学生能够运用思想道德和法律基础相关知识认识问题、分析问题和解决问题，学会做人、学会做事、学会学习、学会交往，具有适应岗位和社会需要的关键能力，提升思想政治素质、道德素质和法治素养，增强学生爱祖国、爱人民、爱党、爱社会主义的真挚情感。

主要内容包括政治、思想、道德、心理素质和学习成才等方面的修养以及法学基础理论、基本法律知识、法治观念和法律意识等，开展马克思主义的世界观、人生观、价值观、道德观、法治观教育。

教学要求：教师要拥护党的领导，具备扎实的马克思主义理论功底、深厚的政治情怀、宽广的理论视野、严以律己的人格魅力等。本课程应坚持理论与实践相结合、线上与线下相结合的方式进行，充分发挥教师的主导作用和学生的主体地位，采用行动导向教学法、任务驱动教学法等多种启发式、互动式、参与式教学方法。

5.毛泽东思想和中国特色社会主义理论体系概论（总学时：72 学时； 讲授学时：56 学时；实践学时：16 学时）

课程目标：通过系统讲授中国共产党把马克思主义基本原理与中国实际相结合的历史进程及马克思主义中国化的理论成果，帮助学生系统掌握毛泽东思想、邓小平理论、"三个代表"重要思想、科学发展观、习近平新时代中国特色社会主义思想基本原理，深刻认识党领导人民进行的革命、建设、改革的历史和成就，深入理解新时代必须坚持的基本理论、基本路线、基本方略，提升运用马克思主义立场、观点、方法认识问题、分析问题和解决问题的能力，坚定在党的领导下走中国特色社会主义道路的理想信念。

主要内容包括马克思主义基本原理与中国实际相结合过程中产生的毛泽东思想、邓小平理论、"三个代表"重要思想、科学发展观、习近平新时代中国特色社会主义思想等理论成果。

教学要求：授课教师必须政治立场坚定、党性意识强，牢固树立"四个意识"，坚定"四个自信"，做到"两个维护"；能够自觉运用马克思主义的立场、观点、方法认识问题、分析问题和解决问题；具备较为系统的马克思主义基本理论知识和党史、国史知识；在授课过程中能够理论联系实际，深入浅出地将原理分析透彻，讲述清楚、准确。本课程教学可采用课堂讲授、典型案例分析、小组讨论和实地参观等方法。

6. 大学生心理健康（总学时：36 学时；讲授学时：36 学时）

课程目标：通过本课程的教学，使学生树立心理健康发展的自主意识，了解自身的心理特点和性格特征，能够对自己的身体条件、心理状况、行为能力等进行客观评价，正确认识自己、接纳自己，在遇到心理问题时能够进行自我调适或寻求帮助，积极探索适合自己并适应社会的生活状态。

主要内容包括心理与心理健康、认识自我、发展自我、学会学习、学会交往、人格完善、情绪管理、恋爱管理和应对挫折等。

教学要求：教师具备扎实的心理学理论基础和一定的心理咨询技巧，通过多种教学活动和手段，结合学生现实生活中实际存在的问题，共同探究学习主题，帮助学生增进积极的自我认识、获得丰富的情感体验、形成积极的生活态度、建立良好的人际关系等。

7. 中国近现代史纲要（总学时：18 学时；讲授学时：18 学时）

课程目标：通过本课程教学，使学生较好地掌握中国近现代史的基础知识，把握中国近现代史的基本线索及发展规律，帮助学生了解国史、国情，深刻领会历史和人民是怎样选择了马克思主义、中国共产党和社会主义道路，提高学生的人文素养、综合能力；培养学生正确分析历史事件、评论历史人物的能力，使学生树立正确的历史观。

主要内容包括近代以来中国人民反对外来侵略，争取国家独立和民族解放的历史进程；近代以来中国人民争取和实现人民民主的历史进程；近代以来中国人民求强求富，解放和发展生产力走向现代化的历史进程；近代以来中国人民选择马克思主义及马克思主义中国化与当代发展的历史进程等。

教学要求：授课教师要拥护党的领导，具备扎实的马克思主义理论功底、深厚的政治情怀、宽广的理论视野、严以律己的人格魅力，具备较为系统的中国历史特别是近现代史知识和一定的分析问题能力。本课程教学可采用课堂讲授、典型案例分析、小组讨论和实地参观等方法。

8. 马克思主义基本原理概论（总学时：18 学时；讲授学时：18 学时）

课程目标：通过教学使学生理解、掌握马克思主义基本原理；用马克思主义世界观、方法论观察、分析和解决问题；帮助学生树立马克思主义的世界观、社会历史观、人生观和价值观，树立马克思主义信仰，坚定共产主义信念，增强对社会主义的信心和对共产党的信任，坚定走中国特色社会主义道路，自觉坚持党的基本路线，打下扎实的马克思主义理论基础。

主要内容包括马克思主义是关于无产阶级和人类解放的科学、世界的物质性及其发展规律、认识世界和改造世界、人类社会及其发展规律、资本主义的形成及其本质、资本主义发展的历史进程、社会主义社会及其发展、共产主义是人类最崇高的社会理想等。

教学要求：教师要拥护党的领导，是忠诚的马克思主义信仰者，具备扎实的马克思主义理论功底、深厚的政治情怀、宽广的理论视野、严以律己的人格魅力等。本课程应采用知识讲授与价值引导结合、理论分析与实践启发结合的方式进行，运用课堂讲授、典型案例分析、视频观赏、讨论等教学方法。

9.习近平新时代中国特色社会主义思想（总学时：18学时；讲授学时：18学时）

课程目标：通过本课程的教学，使学生深刻理解习近平新时代中国特色社会主义思想的核心要义、精神实质、丰富内涵、实践要求；深刻体悟习近平新时代中国特色社会主义思想彰显和贯穿的坚定理想信念、真挚人民情怀、高度自觉自信、无畏担当精神、科学思想方法；使学生深刻把握习近平新时代中国特色社会主义思想的理论逻辑、历史逻辑、实践逻辑，坚定马克思主义科学信仰；使学生自觉地以习近平新时代中国特色社会主义思想武装头脑、指导实践，做中华民族伟大复兴的历史担当者。

主要内容包括"八个明确"和"十四个坚持"，具体包括新时代坚持和发展中国特色社会主义的总目标、总任务、总体布局、战略布局和发展方向、发展方式、发展动力、战略步骤、外部条件、政治保证等基本内容。

教学要求：教师要拥护党的领导，具备扎实的马克思主义理论功底、深厚的政治情怀、宽广的理论视野、严以律己的人格魅力等。本课程应采用理论与实践相结合、知识讲授与价值引导相结合的方式进行，运用讲授法、典型案例分析、视频观赏、讨论等教学方法。

10. 体育（总学时：108学时；讲授学时：6学时；实践学时：102学时）

课程目标：以身体练习为主要手段，以增进学生体质、增进健康和提高体育素养。

主要内容分为普修课程和选项教学课程，普修课程内容涉及篮球、足球、排球、田径、体操和素质练习，选项教学内容有篮球、排球、足球、乒乓球、羽毛球、武术散手、太极拳、健美操、瑜伽、体育舞蹈等。

教学要求：任课教师具备体育教学能力，严格按照教案内容教学，授课时应组织好教学，能够给学生做出正确的示范动作。科学、有序地开展教学活动，把握每节课的运动量、强度、密度等。

体育普选教学开设在第一、二学期，选项教学开设在第三或第四学期，每学期 36 学时。

11. 劳动实践（总学时：30 学时；讲授学时：2 学时；实践学时：28 学时）

课程目标：依据中央宣传部、教育部《普通高校思想政治理论课建设体系创新计划》（教社科〔2015〕2 号）的文件要求，并结合我院学生实际情况，以学生获得积极的劳动体验、形成良好的职业素养为基本目标，充分发挥实践活动课程立德树人的重要作用，引导学生深入理解和践行社会主义核心价值观，是以操作性学习为基本特征的教育。

主要内容包括劳动实践的重要意义、劳动保护、劳动技巧、注意事项以及与专业相关的劳动技能等。

教学要求：既有知识的传授，也有技能的培养，还有态度、观念的转变。在教学中，教师不但要严格要求学生，还要起模范带头作用。

本课程由各系部负责安排在 2～3 学期开设。

12. 大学生职业素养（总学时：8 学时；讲授学时：8 学时）

课程目标：通过系统讲解对职业发展有着重要影响的几项职业素养，提高学生自我管理、人际沟通技能，以培养大学生在知识、技能、观念、思维、态度、心理上符合职业规范和标准。

主要内容包括职业道德、职业思想、职业行为习惯和职业技能。

教学要求：教师应按教学大纲的规定，全面地把握好课程深度、广度、教学进度和教学内容的重点、难点。教师自身既要具备过硬的职业素养理论基础、良好的职业素养，也要了解所授专业职业道德和专业素质等。

13. 普通话（总学时：10 学时；讲授学时：10 学时）

课程目标：提高学生普通话水平、使学生顺利通过国家普通话水平测试的测试前培训课程。本课程以《普通话水平测试大纲》为标准，结合普通话水平测试的要求和方法进行教学，使学生不仅能掌握普通话的基本知识、普通话水平测试的方法和技巧，更重要的是让学生发现自己普通话发音存在的问题，掌握普通话练习和提高的方法，并通过大量的训练获得普通话口语表达的基本技能，克服不良发音习惯，养成正确发音习惯。

主要内容包括语音概述、普通话声母及其辩证、普通话韵母及其辩证、普通话声调及其辩证、普通话的语音流变、朗读与会话和综合训练。

教学要求：由具备省级普通话测评员资质教师进行授课，采用讲授与训练相结合的方式进行。

14.职业生涯准备与规划（总学时：18学时；讲授学时：14学时；实践学时：4学时）

课程目标：通过激发大学生职业生涯发展的自主意识，树立正确的就业观，促使大学生理性地规划自身未来的发展，并努力在学习过程中自觉地提高就业能力和职业生涯管理能力。

主要内容包括职业生涯规划概述、职业认知与自我认知、大学生学业规划与职业准备、职业生涯规划的制定与准备、职业发展规划、职业核心能力开发、职业素养与专业学习和职业适应能力的增强等。

教学要求：教师具备理论基础和实践能力，同时还应具备相关专业知识。本课程应既有知识的传授，也有技能的培养，还有态度、观念的转变。课堂讲授应当做到理论阐述准确，概念交代清楚，教学内容充实，详略得当，逻辑性强，条理分明，重点、难点突出。任课教师应针对不同教学对象和教学内容，不断总结和改进教学方式和方法。尽量采用启发式、讨论式、参与式、探究式等多种教学方法进行教学。任课教师要熟练地使用现代化教学手段，以提高教学效率。运用多媒体授课，必须能够熟练操作程序，多媒体课件应做到图、文、声、像并茂，达到增大课堂信息量，提高教学效果的目的。

15.创新与创业教育（总学时：36学时；讲授学时：20学时；实践学时：16学时）

课程目标：通过"创新与创业教育"课程教学，应该使学生掌握开展创业活动所需要的基本知识，使学生具备必要的创业能力，使学生树立科学的创业观。主动适应国家经济社会发展和人的全面发展需求，正确理解创业与职业生涯发展的关系，自觉遵循创业规律，积极投身创业实践。

主要内容包括初识创新与创业、构建创业团队、企业的法律形态与环境、评估创业市场、预测启动资金、写创业计划书、创业融资、创业游戏环节。

教学要求：教师具备创新创业的理论基础、经过专项教学能力培训，授课中要遵循教育教学规律，坚持理论讲授与案例分析相结合、小组讨论与角色体验相结合、经验传授与创业实践相结合，把知识传授、思想碰撞和实践体验有机统一起来，调动学生学习的积极性、主动性和创造性，不断提高教学质量和水平。

16.就业指导（总学时：20学时；讲授学时：10学时；实践学时：10学时）

课程目标：通过激发大学生就业的自主意识，树立正确的就业观，促使大学生理性地规划就业，并努力在学习过程中自觉地提高就业能力。

主要内容包括提高就业能力、求职过程指导、职业适应与发展等内容。

教学要求：教师具备理论基础和实践能力，同时还应具备相关专业知识。本课程应采用理论与实践相结合、讲授与训练相结合的方式进行。教学可采用课堂讲授、典型案例分析、情景模拟训练、小组讨论、角色扮演、社会调查、实习见习等方法。

17.计算机基础（总学时：45学时；讲授学时：15学时；实践学时：30学时）

课程目标：通过本课程的学习，使学生了解计算机的基本知识，熟悉计算机基本操作。培养学生自觉使用计算机解决学习和工作中实际问题的能力，使计算机成为学生获取知识、提高素质的有力工具。通过教学模式改革，使学生树立终生学习理念，进一步培养学生自我学习能力、创新精神和沟通表达能力，并为后续课程学习打下基础。

主要内容包括计算机基础知识、Windows 7操作系统、文字处理软件Word 2010、电子表格软件Excel 2010、演示文稿软件PowerPoint 2010、网络技术基础、多媒体技术基础等知识。

教学要求：了解计算机的发展史、应用领域、数的进位制和计算机中数的表示方法；计算机的基本工作原理、硬件系统和软件系统，信息在计算机内的表示以及计算机系统的安全防护；掌握Windows 7、Office2010办公软件的基本操作和应用；了解网络基本知识，会收发电子邮件和Web信息的查询保存；培养学生运用所学知识解决实际问题的能力；培养学生学习新知识和技能的能力。

18.大学生健康教育（总学时：8学时；讲授学时：8学时）

课程目标：从学生关注点出发，从生理到心理、从健康习惯培养到疾病预防等多角度解读当代大学生热点问题，在日常生活和工作学习中对常遇到的意外伤害事故能够进行急救的知识与技能，从而养成良好的卫生习惯，培养良好的饮食习惯，促进大学生心理健康水平的进一步提高，全方位呵护大学生健康成长，培养社会主义建设需要的身心健康人才。

主要内容：健康与健康促进、疾病预防与控制、生活方式与健康、生殖与健康和现场急救等。

教学要求：教师具备扎实的健康教育基本功，熟练掌握救护专门技能。本课程主要采用讲授与训练相结合的方式进行，可采用课堂讲授、情景模拟训练、小组讨论、角色扮演等教学方法。

19. 安全教育（总学时：10 学时；讲授学时：10 学时）

课程目标：坚持"预防为主、教育为先、明确责任、全员防范"的理念，通过安全教育中的风险认知、防范等知识的讲授，努力把事故消灭在萌芽状态，杜绝实习中重大安全事故的发生。

主要内容：生产岗位安全、人身和财产安全、防盗、防抢、防骗、防传销和防网络犯罪等各方面安全问题和防范措施。

教学要求：教师应具备校外实习安全知识，并具备与授课专业相关的专业知识、岗位风险认知和防范技能等。可采用讲授与训练相结合的方式，结合课堂讲授、情景模拟训练、小组讨论、角色扮演等方法进行课堂教学。

20. 高职语文（总学时：30 学时；讲授学时：30 学时）

课程目标：引导学生在中学语文学习的基础上进一步拓宽视野、启蒙心智、健全人格，提高人文素养，对学生进行素质教育，提高语言文学水平和写作能力。通过对文学作品表现手法和具体写作技巧的分析对口才和写作的实际训练与对作品的解读、赏析，培养高尚的道德情操和健康的审美情趣，提升自身的文化素养和品位。

主要内容：文学鉴赏、应用文写作和演讲与口才。

教学要求：本课程应采用理论与实践相结合、讲授与训练相结合的方式进行。教学可采用课堂讲授、典型案例分析、情景模拟训练、小组讨论、角色扮演等方法。

21. 中华优秀传统文化（总学时：30 学时；讲授学时：30 学时）

课程目标：拓展和完善大学生的知识结构，提高文化素养和人文修养，增强民族自信心、自尊心、自豪感，激发学生对祖国的荣誉感和归属感，能够运用科学的世界观和方法论分析中国传统文化的精华，并以现代化为参照系，对中国传统文化资源进行创造性的开发和利用。

主要内容：中国传统文化基本知识和发展历程、中国传统文化的本质、中国传统文化的特征及其与现代化的关系等。

教学要求：本课程应采用理论与实践相结合、讲授与训练相结合的方式进行。教学可采用课堂讲授、典型案例分析、情景模拟训练、小组讨论、角色扮演等方法。

22. 中华礼仪（总学时：8 学时；讲授学时：8 学时）

课程目标：使学生树立从小事做起、从细节做起，在生活中实践礼仪的意识，使学生认识到仪容、仪态和服饰对个人形象塑造的重要性，以引导大学生传承礼仪文化，践行中华传统美德，塑造良好的个人形象和职业形象。

主要内容：现代礼仪和商务礼仪的知识和实务、现代礼仪文明的内容和人际交往中的基本礼仪等。

教学要求：教师具备扎实的礼仪理论基础和深厚的礼仪修养，本课程应采用讲授与训练相结合的方式进行，理论与学生校园常规、校规校纪相结合，注重学生讲究礼仪规范自觉性的培养并使其养成习惯。教学可采用课堂讲授、典型案例分析、情景模拟训练、小组讨论、角色扮演等方法。

23.大学美育（总学时：8学时；讲授学时：8学时）

课程目标：以马克思主义美学思想为指导，培养人的审美意识、审美观点，提高大学生的审美能力和创造美的能力，从而塑造审美的人生境界，培养和谐完美的人格。

主要内容：人类美化自身的学科、美是什么、审美门户、审美范畴、审美意识和审美心理等内容。

教学要求：教师具备扎实的美育教育理论功底和较高的艺术专业技能水平；在教学中可采用讲授与训练相结合的方式，注重实际教学效果。

24.公选课"传统文化"模块（总学时：162学时；讲授学时：162学时）

教学目标：帮助学生深入了解中国博大精深的传统文化，领略传统文化的魅力，解读传统文化的精髓，从中获得人生的启迪，提升学生的民族自尊心、自信心、自豪感，引领学生形成高尚的道德情操、正确的价值取向。

主要内容：国学智慧、茶文化、茶艺技法与冲泡、中华传统思想、儒学与生活、中华民族精神、中华诗词之美、用相声演绎中国文化、陶瓷绘画示范等。

教学要求：授课教师应具备浓厚的中华传统文化底蕴，具有传统文化知识储备或具备中国传统工艺技能。授课中可采用理论与实践相结合、讲授与训练相结合的方式进行。教学可采用课堂讲授、典型案例分析、情景模拟训练、小组讨论、角色扮演等方法。

25.公选课"美育"模块（总学时：162学时；讲授学时：162学时）

教学目标：培养学生充分感受现实美和艺术美的能力，使学生具有正确理解和善于欣赏现实美和艺术美的知识与能力，培养和发展学生创造现实美和艺术美的才能和兴趣。

主要内容：书法鉴赏、英文电影赏析、音乐赏析、艺术与审美、敦煌的艺术、中国古建筑文化与鉴赏、中国戏曲剧种鉴赏、世界著名博物馆艺术经典和中外美术评析与欣赏等。

教学要求：授课教师应具备扎实的美育教育理论功底和较高的艺术专业技能水平；在教学中把革命的思想性和完美的艺术性紧密结合起来；将美育内容和实际生活相结合；情绪体验和逻辑思维相结合；艺术内容与表现方法相统一；统一要求和因材施教相结合。

26. 公选课"创新创业"模块（总学时：180 学时；讲授学时：180 学时）

教学目标：在学生完成创新创业基础课程后，通过此模块课程分项提升创新创业能力，有针对性地培育学生创业项目，为学生创业落地提供智力支撑。使学生不断增强自身创业竞争能力和社会适应能力，成为适应创新型国家建设需要的高水平创新人才。

主要内容：创业文化与创新思维、创业精神与实践、创业思维训练、创新创业大赛赛前特训、创新发明与专利实务、创业法学、创业创新执行力、创业创新领导力、创新中国、创新中国纪实等知识。

教学要求：教师具备创新创业能力、具备各类创新创业大赛指导经验或有实体创业经验；在授课中要遵循教育教学规律，坚持理论讲授与案例分析相结合、小组讨论与角色体验相结合、经验传授与创业实践相结合，把知识传授、思想碰撞和实践体验有机统一起来，将教学内容同国赛、项目落地紧密联系起来。

27. 公选课"人文素质"模块（总学时：300 学时；讲授学时：300 学时）

教学目标：主要是引导学生如何做人，包括如何处理人与自然、人与社会、人与人的关系以及自身的理性、情感、意志等方面的问题，将人类优秀的文化成果通过知识传授、环境熏陶以及自身实践等教育活动使其内化为人格、气质、修养，成为人的相对稳定的内在品质，达到以美育人、以文化人的效果。

主要内容：党史国史、地方历史、丝绸之路文明、国家安全、大国工匠、经济常识、办公技能、社会责任等知识。

教学要求：授课教师应具备浓厚的文化底蕴，具有丰厚的人文素质知识储备。授课中可采用理论与实践相结合、讲授与训练相结合的方式进行。教学可采用课堂讲授、典型案例分析、情景模拟训练、小组讨论、角色扮演等方法。

28. 公选课"生态环境"模块（总学时：196 学时；讲授学时：196 学时）

教学目标：培养学生的环境意识和相关知识，使学生毕业后无论从事何种职业，都能具备环境意识，具有基础的环境知识，像"绿色的种子"播撒在中国的大地上，为改善中国的环境、继续可持续发展事业做出自己的贡献。

主要内容：生态文明基础、可再生能源与低碳社会、海洋保护、人类与生态文明的关系、科学认识气候变化和人口资源与环境等知识。

教学要求：授课教师应具备环境保护、生态文明等知识储备，有丰富的教学经验。教学时应注意环境教育与绿色教学相结合、环境教育与社会责任相结合、环境教育与学生行为规范教育相结合的原则。可采用理论与实践相结合、讲授与训练相结合的方式进行。可采用课堂讲授、典型案例分析、情景模拟训练、小组讨论、角色扮演等方法组织教学。

29.公选课"健康教育"模块（总学时：36学时；讲授学时：36学时）

教学目标：通过课程使学生自觉地采纳有益于健康的行为和生活方式，消除或减轻影响健康的危险因素，预防疾病，促进健康，提高生活质量。健康教育的核心是教育人们树立健康意识，促使人们改变不健康的行为生活方式，养成良好的行为生活方式，以减少或消除影响健康的危险因素。通过健康教育，能帮助人们了解哪些行为是影响健康的，并能自觉地选择有益于健康的行为生活方式。

主要内容：健康运动训练、健康常识、运动安全与健康等。

教学要求：教师具备扎实的健康教育基本功，熟练掌握救护专门技能。本课程主要采用讲授与训练相结合的方式进行。教学可采用课堂讲授、情景模拟训练、小组讨论等方法。

30.公选课"科学素养"模块（总学时：50学时；讲授学时：50学时）

教学目标：通过课程使学生了解科学知识、科学的研究过程和方法、科学技术对社会和个人所产生的影响，为提高全民科学素质建设创新型国家服务。

主要内容：数学、物理、化学、天文等科学知识在生活中的应用，前沿科学理论等。

教学要求：教师具备扎实的科学理论基础，掌握前沿科学理论。教学可采用课堂讲授、情景模拟训练、小组讨论等方法，使学生通过课程学习热爱科学，并将科学理论、常识运用到实际工作与生活之中。

（二）专业课程

1."房屋建筑构造"课程简介（总学时：60学时；讲授学时：30学时）

"房屋建筑构造"课程为建筑工程技术专业的核心课程，是一门理论和实践相结合的课程。本课程的任务是使学生掌握房屋的构造组成、各组成部分的构造原理和构造做法。在构造原理指导下，掌握用建筑材料和制品构成构件和配件，以及构、配件之间连接的方法。

本课程对专业培养目标中学生形成专业核心能力（中小型建筑方案设计和建

筑施工图设计能力）构建平台。主要包括整合前期各门课程中形成的单项能力，进一步培养学生理解建筑设计意图，查阅有关建筑规范、建筑图集等资料，读懂建筑施工图，从而进行建筑构造处理解决工程实践问题的职业能力。在课程体系中起着承先启后的重要作用。

2. "建筑施工技术"课程简介（总学时：60学时；讲授学时：30学时）

"建筑施工技术"课程是建筑工程技术专业的一门实践性、综合性较强的职业技能核心课程，也是工程监理、工程造价等专业的主干课程，是校企合作开发的基于工作过程的课程，是施工员、质检员、建造师等职业岗位培训、鉴定、考试的核心内容，建筑施工技术、工程造价专业的专业核心课程。

课程的作用：本课程的任务是研究建筑工程施工技术的一般规律，建筑施工各主要工种工程的施工技术及工艺原理以及建筑施工新技术、新工艺的发展。通过学习使学生具备组织建造建筑工程单位工程、分部分项工程建造的能力，通晓建筑工程单位工程的施工方法、施工工艺、技术要求、质量验收标准、通病防治和安全防范措施。具有解决建筑工程施工技术、质量问题和安全问题的初步能力。同时具备建筑工程单位工程施工组织管理的能力，为今后从事施工现场管理工作打下扎实的理论基础。

通过课程学习和训练，使学生了解并掌握建筑工程中各主要工种工程的施工技术及工艺原理，突出施工员职业岗位能力的培养，培养学生独立分析和解决建筑工程施工中有关施工技术问题的基本能力。由于"建筑施工技术"实践性强、综合性大、社会性广，工程施工中许多技术问题的解决均要涉及有关学科的综合运用。因此，要求学生拓宽专业知识面，要有牢固的专业基础理论和知识，并自觉运用。

3. "建筑施工组织与管理"课程简介（总学时：60学时；讲授学时：30学时）

"建筑施工组织与管理"是建筑工程技术专业核心课程，它涉及流水施工方法、网络计划技术应用、施工组织设计及施工项目管理等方面的内容，为建筑工程技术专业奠定专业素质基础。

课程的作用：本课程主要研究建筑施工组织的一般规律、内业管理的内容及方法。使学生具有编制单位工程施工组织设计的能力，掌握施工内业管理的程序、方法，毕业后能直接进行建筑工程施工组织管理、内业管理工作。

4."建筑工程计量与计价"课程简介（总学时：60学时；讲授学时：30学时）

本课程是建筑工程技术专业的一门专业核心技能课程，是建筑企业进行现代化管理的基础，主要研究建筑产品与生产消耗之间的数量关系及建筑产品价格的构成因素。该课程实践性、应用性较强。

本课程研究建筑生产成果与劳动力、材料、施工机械等生产消耗之间的数量及费用关系。掌握建筑工程、装修工程、市政工程、园林工程的计量与计价的方法。掌握工程造价的基本知识及建筑工程预算的编制原理和方法步骤。

通过本课程的理论与实践学习，能熟练使用规范、定额、建筑结构标准图集、施工手册及应用软件进行建筑工程施工图预算和投标报价文件的编制；能有良好的继续学习的态度和自觉学习的习惯，具备良好的团结协作、开拓创新的能力。

本课程采用案例教学与岗位实践操作相结合的"六步法"教学模式，阶段性考核与结果考核相结合的考核方式，采用多种教学方法提高教学效果。

5."土力学与地基基础"课程简介（总学时：60学时；讲授学时：30学时）

"土力学与地基基础"课程是建筑工程技术专业的优质课程之一，是土建施工员等职业岗位工作过程中的主要内容。

本课程主要掌握土方工程施工工艺和技术要求；掌握地基处理和加固方法；掌握基础工程施工方法、施工工艺和技术要求；了解土方工程和基础工程施工的机械设备。

通过本课程的理论与实践学习使学生能够制定基础工程施工方案；会编制基础工程中各分项工程施工的技术交底；具有编制基坑支护方案的能力。能根据不同的建筑物类型选择不同的定位和抄平方法；能根据不同的基础形式选择最佳的施工方法、最先进的施工工艺、制定最合理的施工方案；具有与他人合作的精神，协调同事之间、上下级之间的工作关系和集体意识；具有良好的职业道德修养和高度的社会责任感。

6."建筑结构"课程简介（总学时：60学时；讲授学时：30学时）

"建筑结构"课程服务于建筑工程技术专业的高职学生，并充分考虑社会学习者的不同特点及不同用户的学习需求，在教学过程中，将着重让学生了解、掌握混凝土结构与砌体结构的基本知识，锻炼学生识图和绘图的技能，培养学生查阅和正确应用规范和标准图集的能力，具备一般的结构设计的能力与分析和处理施工和使用过程中出现的一般性结构问题的能力。

通过钢筋混凝土结构与砌体结构基本知识的学习和结构设计、识图翻样等方面的训练，让学生了解建筑结构的基本设计原则，掌握钢筋、混凝土及物体材料的力学性能；掌握两类结构中基本构件的概念，受力性能、设计计算方法和构造要求，能进行一般结构的设计计算，并将计算结果转化成结构施工图。能运用本课程基本知识和基本原理分析、处理施工和使用过程中出现的一般结构问题。通过任务驱动和实践教学等方法，培养学生良好的专业素质和职业道德，树立严谨细致的工作作风，提高创造性的工作能力。

7. "建筑工程概预算"课程简介（总学时：60学时；讲授学时：30学时）

"建筑工程概预算"课程是建筑工程技术专业的优质核心课程之一，是土建施工员职业岗位加强经济观念的重要学习领域，是土建造价员职业岗位工作过程中的主要内容。本课程按照工作过程设计，可操作性强，根据目前建筑工程造价的实际需要，理论联系实际，在掌握建筑造价基础知识的条件下，重点讲授建筑造价的费用构成、计算程序，基本建设过程中涉及的各种造价文件，预算定额和消耗量定额的组成及应用方法，人工费、材料费、机械台班费的组成和计算，建筑面积的计算方法，建筑工程工程量的计算规则和计算方法，清单计价模式下综合单价的确定，学会工程量计算表、建筑工程预算表、分部分项工程清单、措施清单、其他清单等一系列常用表格的填写和计算。真正实现教育与岗位的零距离对接，从而有效形成职业行动能力。

8. "建筑工程招投标与合同管理"课程简介（总学时：60学时；讲授学时：30学时）

"建筑工程招投标与合同管理"学习领域课程是高等职业教育"建筑工程技术"专业的主要课程之一，它是从事建筑职业岗位工作中必备的专业知识。本课程是从工程管理职业岗位行动领域中提炼出来完整的工作过程，并在此基础上，根据行动情境中相对独立完整的工作任务进行学习情境构建，以此作为小型的主题学习单元。本课程要求学生了解《中华人民共和国招标投标法》《中华人民共和国合同法》及《中华人民共和国建筑法》的基本知识和内容，特别要理解"三法"中与建设工程有关的法律法规的基本原理和规定。掌握建设工程项目招投标和签订工程合同的程序和方法，利用招投标与合同这一法律手段，融会到建设工程产品生产的全过程中，达到发承包双方的合法权益得以维护和保障的目的。

"建筑工程招投标与合同管理"课程按照工作过程设计，可操作性强，充分体现了职业岗位工作过程的内涵，并模拟职业岗位工作过程开展教学活动，结合工学结合和行动导向的教学方法，真正实现教育与岗位的零距离对接，从而有效形成职业行动能力。

9. "建筑设备"课程简介（总学时：60学时；讲授学时：30学时）

"建筑设备"课程是高等职业教育建筑工程技术专业的主要课程之一，它是从事建筑职业岗位工作必备的专业知识。本课程主要研究的是建筑安装工程中涉及的主要设备，该课程属于土建类学生的专业课。专业能力的培养主要是能根据图纸分析出给水系统的供水方式及特点；掌握给水管道的安装工艺；根据图纸说明消防系统的设备种类、特点及要求；根据图纸分析出排水系统的体制及特点；掌握排水管道的施工方法；掌握通风空调系统的设备种类及基本原理；通过图纸看出电气设备的敷设特点。通过此课程让学生掌握建筑设备专业知识和设备图纸的识读等知识，让学生清楚作为现代建筑标志的智能设备的种类和使用情况。

10. "建筑工程测量"课程简介（总学时：60学时；讲授学时：30学时）

"建筑工程测量"课程是高等职业教育建筑工程技术专业的主要课程之一，它是从事建筑职业岗位工作必备的专业知识。本课程的主要任务是掌握工程测量的基本理论知识、基本概念和基本作业方法，要求学生能熟练掌握常规仪器、工具的操作技能，掌握小地区大比例尺地形图的测绘方法，掌握施工定位放线、抄平及复核。

在教学过程中，注重对学生职业道德的培养，提高学生观察、分析和判断问题的能力，培养学生严谨的工作作风、实事求是的工作态度以及诚实、守信、善于沟通合作的优良品质，达到胜任工程测量员管理工作的要求。

11. "建筑材料"课程简介（总学时：60学时；讲授学时：30学时）

"建筑材料"课程是在职业岗位行动领域中提炼出来的完整工作过程，主要以行动情境中相对独立完整的工作任务来构建学习情境，作为小型的主题学习单元供学生完成。课程要求学生掌握常用建筑材料检测的取样方法、检测目的、检测步骤、检测数据处理及结果分析；熟悉有关国家或行业标准对建筑材料的技术要求；能够准确地评价材料，以便在施工中合理地选用材料；能够培养学生对所学的专业知识进行综合利用的能力；使学生具有独立工作的能力和科学严谨的工作态度；同时也培养了学生之间的团结合作精神、良好的职业道德和高度的社会责任感。

12. "建筑力学"课程简介（总学时：60学时；讲授学时：30学时）

"建筑力学"课程是建筑工程技术专业的专业基础课程之一，通过课程的学习，探索与掌握物体的平衡规律以及构件在受力后的内力、应力、变形的计算方法和规律，使结构和构件在经济的前提下，最大限度地保证具有足够的强度、刚度和稳定性。本课程在建筑工程专业各门课程的学习中起着承上启下的作用。

13. "建筑 CAD"课程简介（总学时：60 学时；讲授学时：30 学时）

本课程是建筑工程技术专业的专业基础课程之一，课程主要针对建筑专业绘图员、建筑专业设计员、施工员等岗位开设。通过本课程的学习，使学生能够熟练运用 AutoCAD 和天正软件绘制建筑图纸，并且熟练完成建筑平面图、立面图、剖面图的绘制，养成一丝不苟、严谨的工作习惯，为就业打下坚实的基础。

14. "识图与平法"课程简介（总学时：60 学时；讲授学时：30 学时）

"识图与平法"课程是建筑工程技术专业的一门专业课程之一，可为后续专业课程的学习奠定基础，为今后工作中从事建筑工程和相关领域的专业技术工作提供必要的基本知识，以就业为导向，培养适应生产建设、管理、服务第一线需要的高质量技术应用型人才。通过课程的学习，使学生了解平法的发展历程，熟悉 G101 平法图集的编制方法和表示方法，掌握平法图集的制图规则、构造详图的方法和钢筋算量的基本思路，从而进一步理解设计人员的设计意图，掌握工程造价中各结构部分钢筋量的计算方法，提高分析和解决实际问题的能力，增强学生的认知能力和岗位能力，为以后的工作和学习打下一定的专业基础。

15. "建筑综合实训"课程简介（总学时：180 学时；讲授学时：30 学时）

本课程是学生在专业课程结束后，即将全面进入毕业实习之前进行的一次实践性教学环节。学生到工种实训现场，以实际操作为主，掌握各工种的施工操作程序步骤、操作要领，为回到课堂进行专业课学习、毕业实践以及毕业后从事施工一线技术及管理岗位的工作打下坚实基础。课程要求学生掌握建筑施工主要工种操作工艺的基本理论和程序，了解建筑施工主要工种在工艺、机具、材料方面的发展现状。

基本掌握实训所涉及工种操作的一般技能；初步具备相应工种施工的基本能力；培养学生吃苦耐劳、勤奋向上的工作态度；具备与合作伙伴之间相互协调、互相尊重的工作素质。

16. "建筑抗震"课程简介（总学时：32 学时；讲授学时：16 学时）

"建筑抗震"课程是建筑工程技术专业的限选课程之一，是土建施工员等职业岗位工作过程中的必备知识。本课程是在施工员职业岗位行动领域中提炼出来的必备专业知识，在此基础上，以行动情境中相对独立完整的工作任务进行学习情境的构建，并以此作为小型的主题学习单元，以训练学生的职业岗位能力。本课程要求学生了解地震的基本知识、抗震设计的基本要求；掌握地震作用的计算和多层砌体房屋的抗震设计；掌握多、高层混凝土房屋的抗震设计。使学生真正领会职业岗位工作的主要内容，从而有效地形成职业行动能力。

17. "建设工程监理"课程简介（总学时：32 学时；讲授学时：16 学时）

"建设工程监理"课程是建筑工程技术专业的限选课程之一，是土建类职业岗位必须掌握的内容。本课程是在职业岗位行动领域中提炼出来的完整工作过程，主要以行动情境中相对独立完整的工作任务来构建学习情境，作为小型的主题学习单元供学生完成。学生应了解建筑工程监理的概念、基本条件和必要性；了解监理工程师的概念、素质；掌握风险的识别及其控制；掌握工程建设监理目标控制方法和工程建设监理规划的编制。课程充分体现了职业岗位工作过程的内涵，并模拟职业岗位工作过程开展教学活动，结合工学结合和行动导向的教学方法，使学生真正领会职业岗位工作的主要内容，全面形成职业行动能力。

18. "BIM 应用技术"课程简介（总学时：32 学时；讲授学时：16 学时）

"BIM 应用技术"课程是建筑工程技术专业的一门专业选修课，是一门理论与实际紧密结合的应用技术课程。通过课堂讲授与上机实训相结合的教学方法掌握 BIM 技术在工程项目建设全生命周期中的应用。

本课程的目的是使学生通过课堂讲授与上机实训，了解 BIM 技术在国内外的应用状况以及 BIM 在建筑业中的地位和作用；了解 BIM 系统的硬件要求及相关软件的类别、特点、内容；掌握 BIM 典型软件 Revit 的基础命令操作；掌握运用 Revit 软件建立建筑模型、结构模型以及绘制水、电、暖通专业模型；掌握 BIM 在工程项目建设全生命周期中的应用技术；具备运用 Revit 软件初步进行建筑工程设计、施工控制、运营维护的能力。为今后学生运用 BIM 技术从事建筑工程相关工作打下较坚实的基础。

19. 专选课"土木工程模块"（总学时：352 学时；讲授学时：352 学时）

教学目标：帮助学生了解更多关于土木工程相关的专业知识，加深学生对土建类课程的理解，拓展专业知识领域，扩展专业视野，并根据学生兴趣和特点进行个性化培养，从而提高学生职业素养和能力。

教学内容：建筑材料与人居环境、房屋建筑构造、建筑设备实务、桥梁工程、BIM 技术应用、建筑构型能力训练、施工图识读、装配式建筑概论、装饰施工技术、建筑工程监理、建筑抗震等。

教学要求：教师是具备足够的专业知识和职业经历的双师型教师，具备丰富的理论和实践技能知识；教学方式采用线上线下相结合的方式，即课堂授课与网络平台课程资源相结合，充分体现信息化教学的特点，促进学生自主学习的兴趣及热情。

20. 专选课"矿产资源模块"（总学时：192 学时；讲授学时：192 学时）

教学目标：通过此模块帮助学生了解矿业领域相关专业知识，加深学生对矿山企业工作的认识，拓展专业认知领域，扩展专业视野，并根据学生兴趣和特点进行个性化培养，从而提高学生职业素养和能力。

教学内容：矿井地质、巷道施工技术、矿井通风、生产矿井测量、生命安全与救援、地球科学演变。

教学要求：教师是具备足够的专业知识和职业经历的双师型教师，具备丰富的理论和实践技能知识；教学方式采用线上线下相结合的方式，即课堂授课与网络平台课程资源相结合，充分体现信息化教学的特点，促进学生自主学习的兴趣及热情。

21.专选课"环境工程模块"（总学时：64学时；讲授学时：64学时）

教学目标：环境问题是当前人类社会最突出的问题，通过此模块帮助学生了解环境工程、环境治理等相关专业知识、了解化工行业的专业知识、增强学生保护环境意识、拓展专业认知领域、扩展专业视野，并根据学生兴趣和特点进行个性化培养，从而提高学生职业素养和能力。

教学内容：环境污染与人体健康、校园空气质量检测。

教学要求：教师是具备足够的专业知识和职业经历的双师型教师，具备丰富的理论和实践技能知识；教学方式采用线上线下相结合的方式，即课堂授课与网络平台课程资源相结合，充分体现信息化教学的特点，促进学生自主学习的兴趣及热情。

（三）学时安排

表1-2 建筑工程技术专业教学学时安排表（单位：学时）

课类	学期	一1	一2	二1	二2	三1	三2	总计	百分比
公共基础课程	公共基础必修课程	246	113	131	26			516	18.5%
	公共基础限定选修课程	34	81	18	8			141	5.1%
专业课程	专业通识模块	180	240					420	15.1%
	基本技能模块			300				300	10.8%
	专业能力模块				300			300	10.8%
	综合技能模块					540	420	960	34.4%
	专业拓展选修课程		32	32	32			96	3.4%
公共选修课程	公共选修课程			54				54	1.9%
小 计		460	466	481	366	540	420	2787	100%

八、教学进程总体安排

（一）建筑工程技术专业教学时间周分配表

表 1-3 建筑工程技术专业教学时间周分配表（单位：周）

项目 \ 学期	课堂教学（含课内实践）	实践教学						军训（入学教育）	考试考核	合计	备注
		认识实习	技能实习	顶岗实习	毕业实习	毕业设计	其他				
一	15							2	2	19	
二	15		3						2	20	
三	15		3						2	20	
四	15		3						2	20	
五				6	12	（12）			2	20	
六				14			2		2	18	
合计	60		9	20	12	（12）	2	2	12	117	

（二）教学进程安排表

教学进程总体安排是对本专业技术技能人才培养、教育教学实施进程的总体安排，是专业人才培养模式的具体体现，学校应尊重学生的学习规律，科学构建课程体系，注重公共基础课程与专业课程的衔接，优化课程安排次序，明确学期周数分配，科学编制教学进程安排表。

1.公共基础必修和限定选修课程教学进程安排表

表1-4 公共基础必修和限定选修课程教学进程安排表

课程属性	课程模块	课程代码	课程名称	考试考查	课程性质	课程类别	学分	学时数				开课学期及周学时数						备注
								总学时	课堂教学		实践教学	第一学年		第二学年		第三学年		
									讲授	实践		1	2	3	4	5	6	
												15	18	18	18	18	16	
公共基础课程	德育模块	19500011	军事技能	查	必	C	2	112			112	14天						
		19500012	军事理论	查	必	A	2	36	36	0				1	1			
		1950002	形势与政策	查	必	A	1	32	32	0		1	1	1	1			
		1950003	思想道德修养与法律基础	试	必	B	3	54	24	16	14	4						
		1950004	毛泽东思想和中国特色社会主义理论体系概论	试	必	B	4	72	36	20	16			4				
		1950005	大学生心理健康	查	必	A	2	36	36	0					2			
		1950006	中国近现代史纲要	查	限	A	1	18	18	0		1						
		1950007	马克思主义基本原理概论	查	限	A	1	18	18	0			1					

23

续表

课程属性	课程模块	课程代码	课程名称	考试考查	课程性质	课程类别	学分	总学时	讲授	实践	实践教学	第一学年 1 (15)	第一学年 2 (18)	第二学年 3 (18)	第二学年 4 (18)	第三学年 5 (18)	第三学年 6 (16)	备注
		1950008	习近平新时代中国特色社会主义思想	查	限	A	1	18					1					
	素质模块	1950009	体育	查	必	B	6	108	6	102		2	2	2				
		1950010	劳动实践	查	必	A	2	30	2		28		15	15				
		1950011	大学生职业素养	查	限	A	0.5	8	8						1			
		1950012	普通话	试	限	A	0.5	10	10					1				
	就业服务模块	1950013	职业生涯准备与规划	查	必	A	1	18	14	4		1						
		1950014	创新与创业教育	查	必	B	2	36	20	16		1	1					
		1950015	就业指导	查	必	B	1	20	10	10					1			
		1950016	计算机基础	试	限	B	3	45	15	30				3				
		1950017	大学生健康教育	查	限	A	0.5	8	8			1						
		1950018	安全教育	查	必	A	0.5	10	10						1			
	美育模块	1950019	高职语文	试	限	A	2	30	30			2						
		1950020	中华优秀传统文化	查	限	A	2	30	30			2						
		1950021	中华礼仪	查	限	A	0.5	8	8			1						
		1950022	大学美育	查	限	A	0.5	8	8				1					
小 计							39	765	469	168	170							
合计	周学时数											16	14	7	5			
	总学时数						39	765										

2.建筑工程技术专业专业课程教学进程安排表

表1-5 建筑工程技术专业专业课程教学进程安排

课程模块	课程代码	课程名称	考试考查	课程性质	课程类别	学分	总学时	课堂教学 讲授	课堂教学 实践	实践教学	第一学年 1 (15)	第一学年 2 (18)	第二学年 3 (18)	第二学年 4 (18)	第三学年 5 (18)	第三学年 6 (16)	备注
专业通识模块	1910801	建筑材料	试	必	B	3.5	60	30	30		4						
	1910802	建筑制图	查	必	B	3.5	60	30	30		4						
	1910803	建筑力学	试	必	B	3.5	60	30	30		4						
	1910804	建筑工程测量	试	必	B	3.5	60	30	30			4					1-15
	1910805	建筑CAD	查	必	B	3.5	60	30	30			4					1-15
	1910806	房屋建筑构造	试	必	B	3.5	60	30	30			4					1-15（核心）
	1910807	综合实训1（测量、CAD、建筑构造）	查	必	C	3.5	60			60		20					16-18
基本技能模块	1910808	建筑结构	试	必	B	3.5	60	30	30					4			1-15（核心）
	1910809	土力学与地基基础	试	必	B	3.5	60	30	30					4			1-15（核心）
	1910810	识图与平法	试	必	B	3.5	60	30	30					4			1-15（核心）
	1910811	建筑设备	查	必	B	3.5	60	30	30					4			1-15
	1910812	综合实训2（建筑结构、识图平法）	查	必	C	3.5	60			60				20			16-18

续表

课程模块	课程代码	课程名称	考试考查	课程性质	课程类别	学分	学时数 总学时	课堂教学 讲授	课堂教学 实践	实践教学	第一学年 1 15	第一学年 2 18	第二学年 3 18	第二学年 4 18	第三学年 5 18	第三学年 6 16	备注
专业能力模块	1910813	建筑施工技术	试	必	B	3.5	60	30	30					4			1-15（核心）
	1910814	建筑施工组织	试	必	B	3.5	60	30	30					4			1-15（核心）
	1910815	建筑工程概预算	试	必	B	3.5	60	30	30					4			1-15（核心）
	1910816	建筑工程招投标与合同管理	查	必	B	3.5	60	30	30					4			1-15
	1910817	综合实训3（施工技术、施工组织、工程概预算）	查	必	C	3.5	60			60				20			16-18
综合技能模块	1910818	毕业设计/毕业实习	查	必	C	20	360			360					30		7-18
	1910819	顶岗实习	查	必	C	33.5	600			600					30/1-6	30/1-14	共20周
小计						113	1980	480	480	1140	12	16	16	16	30	30	
周学时数											12	16	16	16	30	30	
总学时数							1980	480	480	1140							

3.公共选修课程教学进程安排表

公共选修课是面向全院所有学生开设的课程。主要是为满足提高学生的人文素质、了解前沿科学技术、考取职业资格证书和专接本等需求的目的而开设。公共选修课程由基础部负责安排开设，见表1-6。

表1-6 建筑工程技术专业公共选修课程设置及教学安排表

模块	课程代码	课程名称	考试考查	学分	学时数			开课学期及周学时数						备注
					总学时	课堂教学	实践教学	第一学年		第二学年		第三学年		
						讲授	实践	1	2	3	4	5	6	
								15	18	18	18	18	16	
传统文化	6180604	国学智慧	查	1	18	18								
	6180607	茶文化	查	1	18	18								
	6180668	茶艺技法与沏泡	查	1	18	8	8							
	6180622	中华传统思想：对话先秦哲学	查	1	18	18								
	6180623	儒学与生活	查	1	18	18								
	6180637	中华民族精神	查	1	18	18								
	6180675	中华诗词之美	查	1	18	18								
	6180676	用相声演绎中国文化	查	1	18	18								
	6180677	从泥巴到国粹：陶瓷绘画示范	查	1	18	18								
美育	6180605	书法鉴赏	查	1	18	8	8							
	6180615	英文电影赏析	查	1	18	18								
	6180614	音乐赏析	查	1	18	18								
	6180691	艺术与审美	查	1	18	18								
	6180690	敦煌的艺术	查	1	18	18								
	6180692	中国古建筑文化与鉴赏	查	1	18	18								
	6180694	中国戏曲剧种鉴赏	查	1	18	18								
	6180699	世界著名博物馆艺术经典	查	1	18	18								
	6180701	中外美术评析与欣赏	查	1	18	18								
创新创业	6180606	创业文化与创新思维	查	1	18	18								
	6180624	创业精神与实践	查	1	18	18								
	6180660	创新思维训练	查	1	18	18								
	6180667	创新创业大赛赛前特训	查	1	18	8	8							
	6180669	创新、发明与专利实务	查	1	18	18								
	6180672	创业法学	查	1	18	18								
	6180673	创业创新执行力	查	1	18	18								
	6180674	创业创新领导力	查	1	18	18								
	6180678	创新中国	查	1	18	18								
	6180679	创新中国纪实（慕课）	查	1	18	18								

27

续表

模块	课程代码	课程名称	考试考查	学分	学时数 总学时	课堂教学 讲授	课堂教学 实践	实践教学	第一学年 1 15	第一学年 2 18	第二学年 3 18	第二学年 4 18	第三学年 5 18	第三学年 6 16	备注
人文素养	6180609	**历史	查	1	18	18									
	6180633	**历史	查	1	18	18									
	6180693	丝绸之路漫谈	查	1	18	18									
	6180700	丝绸之路文明启示录	查	1	18	18									
	6180705	解码国家安全	查	2	28	28									
	6180704	军事理论－国家安全环境强化版	查	2	36	36									
	6180703	红船精神与时代价值	查	1	18	18									
	6180641	传统文化与现代经营管理	查	1	18	18									
	6180671	大国工匠	查	2	32	32									
	6180680	大国工匠纪实（慕课）	查	1	18	18									
	6180710	生活中的金融学	查	2	32	32									
	6180687	办公室的故事	查	1	18	18									
	6180702	商业伦理与企业社会责任	查	2	28	28									
生态环境	6180706	生态文明	查	1	18	18									
	6180707	可再生能源与低碳社会	查	2	32	32									
	6180708	海洋的前世今生	查	2	32	32									
	6180709	人类与生态文明	查	2	32	32									
	6180711	环境海洋学	查	2	32	32									
	6180712	科学认识气候变化	查	2	32	32									
	61807014	人口资源与环境	查	1	18	18									
健康科学	6180661	普拉提垫上初级	查	1	18	18									
	6180640	运动安全与健康	查	1	18	18									
	61807013	生活中的趣味物理	查	1	20	20									
	61807015	科学认识天气	查	2	30	30									
				64	1086	1058	24								

备注：公共选修课程由基础部统一安排。

4.专业拓展选修课程教学进程安排表

表1-7 建筑工程技术专业拓展选修课程设置及教学安排表

课程模块	课程代码	课程名称	考试考查	学分	学时数 总学时	课堂教学 讲授	课堂教学 实践	实践教学	第一学年 1 15	第一学年 2 18	第二学年 3 18	第二学年 4 18	第三学年 5 18	第三学年 6 16	备注
土木工程	1910001	建筑材料与人居环境	查	2	32					√					
	1910002	房屋建筑构造	查	2	32					√					
	1910003	建筑设备实务	查	2	32					√					

续表

课程模块	课程代码	课程名称	考试考查	学分	总学时	讲授	实践	实践教学	1 15	2 18	3 18	4 18	5 18	6 16	备注
土木工程	1910004	桥梁工程	查	2	32							√			
	1910005	BIM技术应用	查	2	32							√			
	1910006	建筑构型能力训练	查	2	32						√				
	1910007	施工图识读	查	2	32							√			
	1910008	装配式建筑概论	查	2	32							√			
	1910009	装饰施工技术	查	2	32							√			
	1910010	建设工程监理	查	2	32						√				
	1910011	建筑抗震	查	2	32						√				
矿产资源工程	1910012	矿井地质	查	2	32					√					
	1910013	巷道施工技术	查	2	32					√					
	1910014	矿井通风	查	2	32						√				
	1910015	生产矿井测量	查	2	32					√					
	1910016	生命安全与救援	查	2	32						√				
	1910017	地球科学演变	查	2	32						√				
环境工程	1910018	环境污染与人体健康	查	2	32					√					
	1910019	校园空气质量检测	查	2	32					√					
		小计		38	608										
合计		周学时数								16	16	10			
		总学时数		38	608					16	16	10			

5. 课外培养安排表

课外培养是学院各专业人才培养的重要组成部分，有利于协调发展和提高学生的综合素质。课外培养包括科技活动、文化活动、实践活动和技能培训四个方面，要求学生在至少两个方面共计取得 6 个学分方可毕业。教务处、学生处制订课外培养计划，对学生参加科技活动、文体活动、实践活动和技能培训等提出要求，引导学生增长知识、锻炼才干、个性发展，培养关键能力与综合素质，促进全面发展。课外培养贯穿学生在校的 1～6 学期，建筑工程技术专业课外培养计划见表 1-8。

表1-8 建筑工程技术专业课外培养学分表

序号	类别	内容	要求
1	科技活动	各类科技活动	参加科技兴趣小组等各类科技活动并提交总结材料
			开展科学普及和科学技术宣传活动并提交实施方案、个人总结
			发表论文
			获得专利
		各类技能竞赛活动	国家级（提交获奖证书原件及复印件）
			省级（提交获奖证书原件及复印件）
			市级（集团公司级）（提交获奖证书原件及复印件）
			校级（提交获奖证书原件及复印件）
			凡参加以上各类竞赛而未获奖者
2	文体活动	讲座	按时参加学校统一组织的讲座
		社团活动	参加各类社团活动并提交社团证明材料
		文体竞赛	国家级（提交获奖证书原件及复印件）
			省级（提交获奖证书原件及复印件）
			市级（集团公司级）（提交获奖证书原件及复印件）
			校级（提交获奖证书原件及复印件）
			凡参加以上各类竞赛而未获奖者
		其他文体活动	积极参加提高人文素质的校内、外各项活动
3	实践活动	社会调查	提交社会调查报告或论文
		社会实践活动	提交社会实践报告或论文
		志愿者服务	积极参与志愿服务活动
		老少牵手	与育人导师结对子并定期开展活动
		创新创业实践	提交成果性材料
		政治理论学习	马克思列宁主义、毛泽东思想、邓小平理论、"三个代表"重要思想、习近平新时代中国特色社会主义思想的学习，提交1000字以上读后感
		其他公益活动	积极参与或组织各类公益活动
4	技能培训	职业技能培训	参加学院组织的职业技能培训，并获取证书
		创业培训	参加学院组织的创业培训，并获取证书
		其他培训	参加学院组织的各种其他培训，获得培训证书或提供培训证明

九、实施保障

建筑工程技术专业在师资队伍、教学设施、教学资源、教学方法、教学评价、质量管理等方面，可以满足建筑工程技术专业人才培养目标和人才规格的要求、满足教学安排的需要、满足学生本专业多样学习需求，并有社会企业积极参与教学。

（一）师资队伍

师资队伍主要包括校内专任教师和校内兼职教师以及校外兼职教师。在校生与专任教师之比为 25 : 1（不含公共课），双师比例达到 100%，专任教师职称平均分布于高级、中级与初级，具有工业与民用建筑、土木工程、工程管理、结构工程等相关专业本科及以上学历，有较强的信息化教学能力；专业带头人具有高级职称，积极进行行业企业调研，担任本专业核心课程的建设与教学，主持本专业人才培养方案修订。兼职教师应主要来自与建筑相关的行业企业。

1. 队伍结构

建筑工程技术专业生师比为 25 : 1，专业骨干教师、企业的技术骨干和管理人员在长期的紧密合作下建成了一支业务精良、具有开拓精神的专业教学团队。本专业现有专任教师 13 人，"双师"素质教师达 100%，具有全国执业资格（一级建造师、造价工程师、二级建造师、监理工程师等）证书。根据学院的总体部署，每学期建筑工程技术专业专职教师不低于20%的比例到企业一线进行实践锻炼，连续锻炼时间不少于 6 个月，熟悉一线工程岗位需求的现状，以提升建筑工程技术专业实践教学水平。同时提升领导决策能力、执行能力和资源整合能力，形成精干高效的专业教学团队。

2. 专任教师

建筑工程技术专业所有校内专任教师均具有高等学校教师任职资格，有理想信念、有道德情操、有扎实学识、有仁爱之心；均具有建筑工程技术相关专业本科及以上学历；具有扎实的建筑工程技术专业相关理论功底和实践能力；均具有较强的信息化教学能力，能够开展课程教学改革和科学研究。为了提高专任教师的实践能力，学院、系部不定期选派教师到工程项目现场进行实践知识学习，确保专任教师每 5 年累计不少于 6 个月的企业实践经历。

3. 专业带头人

建筑工程技术专业共聘用校内外两位专业带头人，均具有副高及以上职称，能够较好地把握国内外建设行业及本专业发展动态，广泛联系行业企业，了解行业企业对建筑工程技术专业人才的需求实际，教学设计、专业研究能力强，组织开展教科研工作能力强，在本区域或本领域具有一定的专业影响力。

4. 兼职教师

建筑工程技术专业已聘用多名企业的专业技术人才担任校外兼职教师，兼职教师主要负责专业课、顶岗实习、安全教育等具体教学工作。主要从建筑业企业聘任，具备良好的思想政治素质、职业道德和工匠精神，具有扎实的建筑工程技术专业知识和丰富的实际工作经验，具有中级及以上相关专业职称，能承担专业课程教学、实习实训指导和学生职业发展规划指导等教学任务。

（二）教学设施

建筑工程技术专业为满足项目化教学、生产性实训的教学要求，目前已建立起能够满足正常课程教学、实习实训所需的专业教室、实训室和保障学生顶岗实习需要的校外实训基地。

1. 专业教室

配备黑(白)板、多媒体计算机、投影设备、音响设备，互联网接入或 Wi-Fi 环境，并具有网络安全防护措施。安装应急照明装置并保持良好状态、符合紧急疏散要求、标志明显、保持逃生通道畅通无阻。

2. 校内实训室

（1）识图与 CAD 操作综合实训室

配备服务器、投影设备、白板、交换机、计算机、扫描仪、工程打印机，网络接入或 Wi-Fi 环境，安装 Office 操作系统及常用办公软件，安装建筑绘图工具软件，安装建筑与结构绘图及设计专业软件。用于 CAD 操作、建筑工程图绘制与识读等课程的教学与实训。

（2）构造认知实训室

配备服务器、投影设备、白板、交换机、计算机、扫描仪，网络接入或 Wi-Fi 环境，安装 Office 操作系统及常用办公软件。配备建筑标准图集、工程案例图库、建筑模型、传统及装配式建筑构造节点模型、相关仿真软件。用于建筑构造课程教学及认知实训。

（3）测量实训室

配备服务器、投影设备、白板、交换机、计算机、扫描仪、打印机，网络接入或 Wi-Fi 环境。配备水准仪、经纬仪、全站仪及 GPS 等测量仪器及配套的工具，安装数字化成图软件。用于建筑施工测量课程教学、测量仪器安装调校及测量基本实训。

（4）工种实训室

配备钢筋工作台、框架梁、柱节点模型、模板及相关运输设备和工具等。配备服务器、投影设备、白板，网络接入或 Wi-Fi 环境，安装工艺操作仿真软件。满足钢筋工、砌筑工、抹灰工、模板工的工艺实训需要。用于主要工种操作实训。

（5）施工技术实训室

配备知识、技能点满足教学与实训要求的实体或虚拟建筑工程载体，安装施工技术管理、质量检测相关软件及必要设备与工具。配备服务器、投影设备、白板，网络接入或 Wi-Fi 环境。用于建筑施工技术及工程质量检测课程的教学与实训。

（6）施工组织实训室

配备服务器、投影设备、白板、交换机、计算机、扫描仪、打印机，网络接入或 WiFi 环境。安装施工项目管理相关软件，配备项目管理案例资料及施工现场布置图库或模型。用于施工组织课程教学与实训。

（7）计量与计价实训室

配备服务器、投影设备、白板、交换机、计算机、扫描仪、打印机，网络接入或 Wi-Fi 环境。安装工程计量计价相关软件、三维算量软件。配备有关定额、标准。用于计量与计价课程教学与实训。

（8）BIM 建模与应用实训室

配备服务器、投影设备、白板、交换机、计算机、打印机，网络接入或 Wi-Fi 环境。安装 Office 操作系统及常用办公软件，安装 BIM 建模软件，安装 BIM 施工、质量、造价、运维及装配式建筑深化设计等相关软件。用于 BIM 建模、BIM 应用等课程的教学与实训。

3. 校外实训基地

目前，建筑工程技术专业已建立起基本能保障学生顶岗实习需要的校外实习基地。

河北能源职业技术学院分别与十几家企业建立了产学研实训基地。

根据《河北能源职业技术学院关于印发 < 毕业顶岗实习管理办法（试行）> 的通知》文件精神，结合系部实际工作情况，制定了《顶岗实习管理规定》，从顶岗实习的组织与管理、各方主要职责、顶岗实习工作程序、考核与评价做出了明确要求，特别是考核和评价标准比较详细，有可操作性，既考查学生的专业实践能力，同时也对工作中的积极性、主动性、协作性等工作态度进行考查，同时还鼓励学生在专业实践中进行创新；既强调校内指导老师的评价，更强调企业的考核和管理。

（三）教学资源

教材、图书和数字资源应能够满足学生专业学习、教师专业教学研究、教学实施和社会服务需要。严格执行国家和省（区、市）关于教材选用的有关要求，符合教材选用制度。根据需要组织编写校本教材，开发教学资源。

建筑工程技术专业按照构建的专业核心课程，依托超星学习通教学平台，自编校本教材与国家优质教材结合使用。自编并正式出版的教材有《建筑材料》《建筑工程测量》《房屋建筑构造》等。

同时本专业现已在超星学习通平台上建有精品课程群，有利于学生自主学习。课程内容丰富、使用便捷、更新及时，能够满足学生对专业学习资源的需求。

（四）教学方法

建筑工程技术专业依据岗位能力需求进行教学组织设计。依据人才培养目标，本专业教学的总体设计是打破以知识传授为主要特征的传统学科课程模式，转变为以真实的建筑图纸作为教学平台、以项目为导向、以工作任务为中心组织教学内容，让学生在完成相应工作任务的同时，构建相关理论知识，发展职业能力。

教学内容的选取突出对学生职业能力的训练，理论知识的选取紧紧围绕工作任务的需要。在教学过程中，通过校企合作、校内生产性实训基地建设等多种途径，采取"工学结合""教学做一体化"等教学模式，利用案例驱动、项目导向等教学方法，充分开发学习资源，给学生提供丰富的实践机会。

（五）教学评价

教学评价采用过程考核与期末考试相结合的方式，考核评价强调"能力培养与过程控制"，学生最终的成绩由综合考核和专项考核组成。其中综合考核由期末理论考试和实践考核两部分构成。专项考核针对每项实训任务，从识读图纸、制订计划、组织实施、检查评价四方面进行过程考核，并吸纳更多行业企业和社会有关方面组织参与考核评价。

（六）质量管理

学院和系部完善教学管理机制，加强日常教学组织运行与管理，定期开展课程建设水平和教学质量诊断与改进，建立健全巡课、听课、评教、评学等制度，建立与企业联动的实践教学环节督导制度，严明教学纪律，强化教学组织功能，定期开展公开课、示范课等教研活动。

完善的制度是保障教学质量的根本，可以有效推进工学交替的项目教学改革。保障制度建设主要体现在以下几个方面。

（1）学院与系部成立重点建设专业项目工作领导小组，实施一把手负责、班子成员分工推进的机制。

（2）制定完善的项目管理制度并严格执行。为保证重点建设专业项目的按期完成与良性运行，以现有管理文件为基础，借鉴其他成功经验，制定并逐步完善各项管理制度。加强对项目建设环节、教学环节、实训教学、仪器设备与各类物资的管理科学化，形成系列管理规章制度。

（3）大力发展校企结合、以产养学实训基地管理运行机制。随着校外基地的建立，让更多的本地建筑企业参与基地共建工作，共享基地资源并且不断探索实现双赢的局面。使基地能更好地为建筑工程企业各岗位输送合格人才，同时让这些企业加入基地中。

（4）加强职业、岗位综合素质教育。为保证人才培养质量、提高职业能力、适应岗位要求，学生在生产实习实训期间同步进行安全、文明、环保、心理健康等方面的教育，加强学生安全生产、文明施工和环境保护意识，提高团队协作能力和职业道德素养。

（5）开展顶岗实习管理研究。实习实训基地运行管理机制探索满足学生顶岗实习要求，达到职业能力培养目标的实习实训基地建设与管理机制。针对顶岗实习管理、顶岗实习效果等问题开展研究，探索实现零距离就业的有效途径和管理机制。

十、毕业要求

学分要求：建筑工程技术专业学生需达到 174 学分方可毕业，其中公共基础课部分达 42 学分、专业课程达 119 学分、课外培养达 6 学分（专业拓展选修课达 6 学分、公共选修课达 3 学分）。

表 1-9　建筑工程技术专业学分分配表

课程类别	公共基础课程			专业课程					课外培养	合计
	必修课程	限定选修课程	选修课程	专业通识模块	基本技能模块	专业能力模块	综合技能模块	专业拓展选修课		
基本学分	26.5	12.5	3	24.5	17.5	17.5	53.5	6	6	167

职业资格证书：根据职业教育"1+X"证书制度，鼓励本专业学生获得职业相关资格证书。获得专业相关职业资格的学生，可凭证书折算为专业拓展选修课程学分，初级证书可折算为 2 学分，中级证书可折算为 4 学分。

第二章 "房屋建筑构造"

课程标准

适用专业：建筑工程技术专业

学　　时：60学时

开课学期：第二学期

一、课程性质与作用

"房屋建筑构造"课程为建筑工程技术专业的核心课程，这是一门理论和实践相结合的课程。本课程的任务是使学生掌握房屋的构造组成、各组成部分的构造原理和构造做法。在构造原理指导下，掌握用建筑材料和制品构成构件和配件，以及构配件之间连接的方法。

本课程对专业培养目标中学生形成专业核心能力（中小型建筑方案设计和建筑施工图设计能力）构建平台。主要包括整合前期各门课程中形成的单项能力，进一步培养学生理解建筑设计意图，查阅有关建筑规范、建筑图集等资料，读懂建筑施工图，从而进行建筑构造处理解决工程实践问题的职业能力。在课程体系中起着承先启后的重要作用。

二、课程的教育目标

（一）知识目标

（1）掌握房屋构造的基本理论，了解房屋各组成部分的要求，掌握不同构造的理论基础。

（2）根据房屋的使用要求和材料供应情况及施工技术条件，选择合理的构造方案，进行构造设计。

（3）根据设计任务书，运用建筑设计的理论和方法进行一般建筑的初步设计，从中了解建筑设计的步骤和方法，并完成初步设计所要求的建筑平、立、剖面设计图。

（二）素质目标

（1）思想素质：具有正确的人生观、价值观、世界观；培养认真负责的工作态度和严谨细致的工作作风。

（2）道德素质：具有正确的道德认识，端正社会道德行为水平和良好的道德修养；爱岗敬业、诚实守信、服务社会。

（3）身体素质：各方面身体素质水平良好，为工作、生活、学习打下坚实的基础。

（4）心理素质：具有良好的心理素质，具有充分的适应力，能适度地控制情绪，能保持良好的人际关系。

（三）能力目标

（1）运用所掌握的建筑构造组成及构造方法，处理解决工程实践问题的职业能力。

（2）具有按照国家制图标准进行正确表达设计意图并绘制施工图的能力。

（3）具有应用国家建筑设计有关规范的能力。

（4）具有空间想象能力和空间分析思维能力。

（5）具有收集信息、处理信息的能力。

（6）具有沟通能力、组织协调能力。

三、与前后课程的联系

（一）与前续课程的联系

先修课程：建筑制图、建筑材料等。

（二）与后续课程的联系

后续课程：建筑工程概预算、建筑结构、建筑施工技术等。

四、课程内容及学时分配

在设计方法、原理讲授的同时，依据岗位工作任务，将课程内容划分成8个以具体化工作任务为载体的学习单元，涵盖了理论教学与实践教学。每一个学习单元都包含一项或几项具有内在联系的工作任务，融理论知识、实践知识、职业态度等内容为一体，实现学习过程与工作过程的紧密联系。

表2-1 "房屋建筑构造"课程内容及学时分配一览表

序号	学习情境	学习内容	学习目标	建议教学形式	参考学时
1	概述	建筑的含义、分类、构成要素	理解建筑的含义、重点掌握建筑的分类	（1）案例分析法（2）分组讨论法（3）线上线下混合教学法	2
2	基础与地下室构造	基础的构造及类型；地下室的构造及类型	了解基础的埋置深度、基础的类型和地下室的基本构造；重点掌握常用五种类型的基础优缺点适用范围	（1）案例分析法（2）分组讨论法（3）线上线下混合教学法	6
3	墙体构造	墙体的类型及设计要求；不同种类墙体的构造做法；砖墙构造做法	了解墙体的类型及设计要求；重点掌握墙体各细部尺度的确定；各类墙体构造做法	（1）案例分析法（2）分组讨论法（3）线上线下混合教学法	6

序号	学习情境	学习内容	学习目标	建议教学形式	参考学时
4	墙体构造	砌块建筑和骨架墙构造要点；墙体节能构造；墙面装修构造常用做法	掌握砖墙、骨架墙、幕墙、隔墙构造节点做法；墙面装修做法及正确选用；重点掌握墙体保温隔热节能做法	（1）案例分析法 （2）分组讨论法 （3）线上线下混合教学法	4
5	楼层和地层构造	楼地层的类型及设计要求；顶棚构造；地坪层与地面构造；阳台和雨棚构造	了解楼板层的设计要求；地坪层构造做法及其选用；阳台及雨篷的构造处理	（1）现场教学法 （2）案例分析法 （3）线上线下混合教学法	4
6	楼层和地层构造	钢筋混凝土楼板的种类及布置方法；钢筋混凝土楼板构造	重点掌握钢筋混凝土楼板层的布置；楼地层的构造做法及其种类、选用	（1）现场教学法 （2）案例分析法 （3）线上线下混合教学法	4
7	楼梯构造	楼梯的组成、类型及尺度；现浇钢筋混凝土楼梯构造预制装配式钢筋混凝土楼梯构造	了解楼梯形式的选用和尺度的确定；钢筋混凝土楼梯构造节点；重点掌握楼梯各部分有关尺寸的确定	（1）现场教学法 （2）案例分析法 （3）线上线下混合教学法	8
8	楼梯构造	楼梯的构造设计；室外台阶与坡道；楼梯建筑施工图识读	掌握楼梯的细部构造处理方法；室外台阶与坡道、电梯间的设计要求；重点掌握楼梯的构造设计；电梯间的设计要求	（1）现场教学法 （2）案例分析法 （3）线上线下混合教学法	6
9	Revit创建楼梯	掌握使用Revit软件完成平行双跑楼梯建模中梯段、平台和栏杆扶手的创建及参数修改	能够独立完成楼梯建模；能够深化楼梯建模的常用参数	（1）一体化教学法 （2）案例分析法 （3）任务驱动法 （4）线上线下混合教学法	4

续表

序号	学习情境	学习内容	学习目标	建议教学形式	参考学时
10	屋顶构造	屋顶类型及设计要求；屋面排水设计；平屋面、坡屋面的常见构造做法	了解屋顶的排水组织设计、平屋顶构造做法、屋顶的保温与隔热处理方式、坡屋顶构造、其他屋面构造；重点掌握屋顶的排水组织设计，常用平、坡屋顶的构造设计，屋顶的保温与隔热处理	（1）现场教学法（2）案例分析法（3）线上线下混合教学法	8
11	门窗构造	门窗的形式和尺度；木门窗构造；金属、塑钢、特殊门窗构造；门窗节能设计；天窗	了解门窗的形式与尺度确定，木门窗、金属门窗、塑钢门窗构造的一般做法；重点掌握门窗有关尺寸的确定和一般构造设计方法；掌握正确选用标准图集的方法	（1）直观教学法（2）现场教学法（3）线上线下混合教学法	4
12	变形缝	伸缩缝、沉降缝、防震缝三种变形缝的设计要求和设置原则；三种变形缝的构造	了解三种变形缝的设置原则和构造要求	（1）现场教学法（2）案例分析法（3）线上线下混合教学法	4
合计					60

五、教学实施建议

在教学过程中，树立正确的高职高专学生培养理念，以多样、趣味的教学方法，有针对性地采取线上线下混合式教学、工学交替、任务驱动、项目导向、"教学做一体化"的教学模式，充分发挥学生在学习过程中的主体作用。

根据课程内容和学生特点，灵活运用直观教学法案例分析、分组讨论、启发引导等教学方法，构建理论与实践一体化课堂，建立起学习和工作的直接联系。

（一）推荐教材

教材使用自编教材：《房屋建筑构造》 北京理工大学出版社，2018年版

（二）教学参考资料

《民用建筑设计统一标准》GB50352-2019

《建筑设计防火规范》GB50016-2014（2018年版）

《"1+X"建筑信息模型（BIM）职业技能等级标准》

《"1+X"建筑信息模型（BIM）职业技能等级证书学生手册（初级）》廊坊市中科建筑产业化创新研究院

《建筑制图标准》GB50001-2010

《房屋建筑制图统一标准》GB/T50001-2017

（三）教师素质要求

（1）具有建筑学专业或相关专业大学本科及以上学历。

（2）有高校教师资格证书；具有良好的思想品德修养，遵守职业道德，为人师表；热爱关心学生。

（3）有行业企业实践经历，熟悉本行业的技术生产情况及发展趋势，与行业企业保持紧密联系，能将企业各项新工艺、新材料、新方法和新理念补充进课程。

（4）熟悉建筑设计技术专业的专业知识和相关理论，并能在教学过程中灵活运用；能担任建筑设计技术专业的实习实训指导工作。

（5）具备一定的课程开发和专业研究能力，能遵循职业教育教学规律，正确分析、设计、实施及评价课程。

（四）教学场地、设施要求

教室环境需求：配有专业制图座椅和多媒体投影仪的建筑绘图教室；配有专业制图软件的图形图像实验室。

校外实习实训基地：我们积极联系建筑相关企业、设计单位提供部分教学设备，如测量设备、大型绘图设备等专业工作所需硬件设施；与河北嘉图工程管理公司合作，为学生考取 BIM 建模师提供软件和实训设备的支持，还可提供真实工作场景，如在建项目或房地产公司的楼盘、工地可供学生现场参观学习，为学生提供更多更真实的专业工作环境。

（五）课程考核方式与标准

课程考核由平时成绩与实训项目考核成绩综合组成。其中实训项目考核以教学内容工作任务项目设计单元为依据，以学生完成各项设计的成果图及实训过程中的综合表现等为标准进行考核。

表 2-2 课程考核方式及成绩构成一览表

实训成果和过程	成绩比例（%）	考核方式及评定方法
期间综合表现	20	按出勤与课堂活动评价：满分 10 分，迟到、旷课一次扣 1 分

续表

实训成果和过程	成绩比例（％）	考核方式及评定方法
实训单元过程成绩	30	按单元阶段收取设计成果并纪录考核成绩。 按设计表达的深度和清晰程度、材料构造合理性、符合规范与标准程度等评分。 其中：成果修改完善阶段（10分）；详图成图设计（20分）
实训项目图纸成果	50	要求尺规作图（手绘A3图幅） 其中：墙身大样（20分）；楼梯间顶层、中间层、底层平面图和剖面图及楼梯节点大样图（40分）；屋面平面和屋面节点详图（20分）；其他详图设计（20分）

六、其他

系／部：

教研室：

编制：

校对：

审核：

编制时间：

第三章　授课教案之楼梯

模块一　1~2学时授课教案

一、教学信息

教学题目	认识楼梯		
授课班级	建筑工程技术专业 一年级第二学期学生	授课学时	2学时
上课地点	本校教学楼的楼梯间现场	授课形式	现场教学＋直播课堂

二、教学基本情况

（一）教学背景

　　"房屋建筑构造"是建筑工程技术专业开设的专业核心课程。本课程理论性和实践性均很强，内容广泛，主要研究房屋的构造组成、各组成部分的构造原理和构造设计方法。本课程以"建筑材料""建筑制图"等课程为基础，与后续课程"建筑工程施工技术""建筑工程施工组织""建筑工程概预算"等密不可分。它在本专业系列课程中起着承前启后的重要作用。对于建筑工程技术专业的学生而言，本课程的学习内容是整个人才培养体系的核心所在。因此，本课程建设以职业岗位能力和岗位需求为目标，注重学生的实践应用能力的培养。

　　楼梯是建筑物中重要的垂直交通联系，供人们平时上下楼层和紧急疏散时使用。本次教学项目是"房屋建筑构造"这门课程中承上启下的学习内容，也是本课程的重难点所在。前续学习项目有基础与地下室、墙体、楼地层，后续的学习项目有屋顶、门窗、变形缝等。

续表

（二）教学内容分析

　　楼梯是建筑构成的六大要素之一。结合本课程的课程标准和"1+X"建筑信息模型（BIM）职业技能等级标准（初级）的要求，将本项目教学内容整合为六个模块。本次教学主要针对前五个模块进行设计。这部分内容实践性较强，学好这一部分内容可为以后各部分内容的学习打下良好的基础，同时，也会使学生对进一步学习产生兴趣，提升学习信心。对于学生而言，今后从事设计、监理或施工工作，都需要掌握楼梯构造方面的相关知识。本次课程的内容为模块一：认识楼梯。主要介绍楼梯的常见类型和设计要求、楼梯的组成、楼梯的尺度。

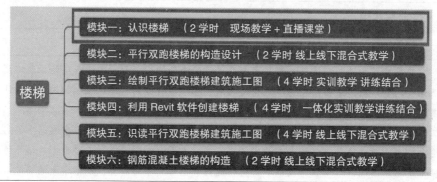

（三）学情分析

　　本课程主要面向建筑工程技术专业的学生，在大一第二学期开设。经分析学生已具备以下特征。

　　知识基础：第一学期学生已经学习了"建筑材料""建筑制图"等本专业的基础课程，本学期学生也已经学习了本课程的前半部分内容，对本课程的特点和学习内容已基本了解，基本掌握了本课程的学习方法。同时，经过半年基础课程的学习和集体生活，学生们已经具备初步的专业基础知识，对校园的学习环境已经熟悉，团队凝聚力强，易于组织开展小组活动。

　　学习特点：大一的学生对建筑构造比较陌生，学生普遍抽象思维能力不强，通过现场以真实的情境进行教学，实现将平面图纸与建筑物的实体对接，更形象、更具体。同时，年轻人对电脑软件、网络学习好奇心强，动手能力强，喜欢直观互动的学习方式。对信息化教学的需求通过问卷调查发现，绝大多数学生易于接受信息化教学的手段。在教学过程中，根据他们的喜好和动手能力强的特点，可辅以信息化的手段对知识进行讲解，多与生产实际相结合，使学生能够更好地掌握楼梯构造知识。

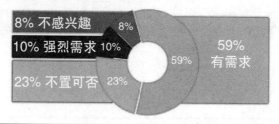

（四）参考教材

1. 纸质教材

自编教材《房屋建筑构造》，由北京理工大学出版社于2018年2月出版。

孙玉红主编的《房屋建筑构造》，由机械工业出版社出版，是"十二五"职业教育国家规划教材。

2. 在线教材

结合"互联网＋"时代线上、线下混合式教学和新型冠状病毒肺炎疫情的双重需要，将自编教材《房屋建筑构造》制成数字资源，上传至超星图书平台，学生通过移动终端可随时随地免费阅读教材全部内容，配合课程平台的学习资源实现教材无纸化。

3. 参考教材

《民用建筑设计统一标准》GB50352-2019

《建筑设计防火规范》GB50016-2014（2018年版）

《"1+X"建筑信息模型（BIM）职业技能等级标准》

《"1+X"建筑信息模型（BIM）职业技能等级证书学生手册（初级）》廊坊市中科建筑产业化创新研究院

《建筑制图标准》GB50001-2010

《房屋建筑制图统一标准》GB/T50001-2017

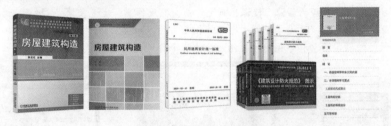

（五）教学资源

1. 教学资源

教学资源包括视频资源（Revit动画、案例视频、微课视频等）、精品课程网络教学平台、图片资源、3D打印建筑模型、施工图纸及文本资源（自编教材、电子教材、课件教案、学习工作页、教师工作页等）。

2. 校内资源

课前学生利用校园网络、机房、手机、平板电脑、个人笔记本等信息设备查阅相关资料，登录课程平台进行自主学习。课堂上则使用学校的智慧教室、理实一体化教室、校园内已有建筑物、多媒体设备等校内资源，师生共同完成本次课的学习。

续表

3.校外资源 　　河北能源职业技术学院校企合作办学资源优势明显，合作企业可提供教学实训场地，企业专家还可录制与课程内容相关的实际案例讲解视频供学生学习，同时邀请企业专家参与学生考核等环节。

三、教学策略

　　本模块课程设计针对建筑工程领域新发展、新要求，基于OBE（教育是一种能力培养、能力训练）教学理念，构建"一坚二融三环三实"课程教学新模式。"一坚"指坚持一个中心，即以学生为中心；"二融"指融通线上、线下两个空间，推进课程的混合式学习；"三环"指在学习过程中要经历课前自学、课中内化、课后巩固扩展三个环节；"三实"指通过课程改革，力求实现以教为主到以学为主的转变、以理论为主到理论实践一体化的转变、以终结性评价为主到以形成性评价为主的转变。

　　本模块教学以任务引领为主线，采用"现场教学＋线上线下混合式教学"的模式，辅以网络直播的教学手段，形成开放式的课堂。在充分把握现代教育教学理念的基础上，基于翻转课堂的方式组织教学。将课堂从课内延伸到课外，以真实的情境开启全程参与式的学习过程，引领学生自主学习、积极探索，培养学生空间想象能力，突出资源的有效利用。以任务驱动的教学方法，锻炼学生的动手操作能力，提高课堂教学效率。

　　同时基于超星学习通和智慧职教MOOC课程平台构建"5+5"互动的教学模式形成智慧的学习空间。即教师的备课、授课、布置作业、批改作业、改进教学，学生预习、上课、完成作业、查看反馈、改进学习等十个环节相互影响、师生互动。

　　将教师的教学活动和学生的学习活动分为三个阶段，师生双方的活动相互呼应。

課前 課中 課后

課前	課中	課后
授课教师负责制作教学资源，上传至网络教学平台，并安排预习任务，学生登录学习平台，观看和学习相关资源，完成预习任务，并可通过论坛与其他学习者及授课教师进行沟通。	教师带领学生到校园内真实的楼梯间进行现场教学，重点讲解楼梯的组成和各部分的尺度要求，并通过教学平台分组下发任务。同时采用平台直播的形式分享给场外的学生学习。以学生为主体，学生现场实测实量，采用"做中学"的模式在完成任务的同时掌握所学的知识。教师进行指导，进而对教学重点和难点进行总结，通过智能终端对课堂学习结果进行现场考核，并对课堂任务完成情况进行评价与反馈。	教师利用教学平台布置作业，学生利用网络教学平台完成作业和测试，可提出问题，并与教师进行答疑交流。最后，教师根据平台的网络数据对成绩不理想的学生进行重点辅导，在线答疑。

续表

教学设计流程图：

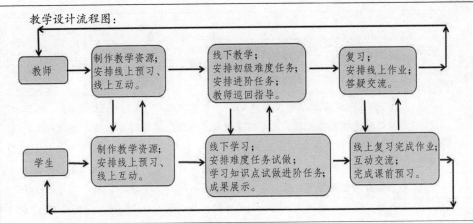

四、教学实施过程

（一）教学目标

能力目标	知识目标	素质目标
（1）能够认识建筑物内外的各种类型的楼梯。 （2）能够掌握楼梯各部分的尺度要求。	（1）掌握楼梯的分类及各类楼梯的特点和适用范围。 （2）掌握楼梯各部分的尺度要求。	（1）培养学生自主学习的意识，促进学生独立思考。 （2）培养学生理论联系实际、举一反三的能力。 （3）培养学生严谨、细致、精益求精的工匠精神。

（二）教学重点、难点及解决方法

重点：楼梯的类型、设计要求及各部分的尺度。

难点：熟记楼梯常见的尺度范围。

解决方法：利用教学楼真实的楼梯间现场讲解楼梯各部分的组成和各部分的尺度。利用网络平台大数据，分析找出需要重点讲解的内容，有针对性地讲授。

（三）教法分析及信息化教学手段

1. 教学方法

教法	现场教学法、案例教学法、任务驱动法
学法	参与式、讨论式、探究式

2. 信息化教学手段

课程在线学习平台的所有信息化教学资源，包括课件、微课、动画、习题、任务单、测验、考试及直播等。

续表

教学环节	课前			设计思路
	教学活动			
	教师活动		学生活动	
教学实施过程	发布任务	（1）在网络课程平台发布通知，公布本次课程的教学项目及任务，发布微课视频二维码。 （2）在课程平台发布作业和讨论。 讨论：举例说说你身边的楼梯是什么样子的？它们有哪些共同点？它们有哪些区别？ 作业：每人找到至少五种类型的楼梯，拍成照片或小视频。 （3）线上解答学生预习中遇到的问题。 （4）监测学生的学习动态和学习数据，及时调整教学侧重点。 课程学习进度　　■仅显示非零数据 （图表：平均进度、最快进度、最慢进度；平均观看时长、最长观看时长、最短观看时长；时长（分钟）；□未完成任务 ■已完成任务） **房屋建筑构造** 课程门户　首页 活动 统计 资料通知作业考试讨论管理 章节统计　学生进度　　　　　　　返回		（1）登录课程平台看微课视频及本课程的教学资源，初步了解本次课程的知识点，完成课前预习。 （2）自主观察学校、住宅或身边的楼梯实例，拍成照片完成作业。 （3）总结搜集到的楼梯实例的共同点和区别，在课程讨论区回复。 （4）对不懂的问题查找资料、实地调研和网上交流探讨。	（1）为课程新知识的学习做好知识储备，养成自主学习的好习惯。 （2）充分调动学生学习积极性，开展自主探究式的学习。 （3）使学生了解本次课程的主题，明确本次课程的学习目的。 （4）倡导学生用手机拍照、录制实践视频，撰写Word版实践报告等。 （5）通过信息化的网络平台，了解学生原有的知识基础。教师根据学生课前学习数据反馈及时调整教学策略。

序号	任务名	类型	说明	学生完成数	详情
任务点1	第7章 楼梯（1）l.ppt	文档		22/35	查看
任务点2	20190515_093809.mp4	视频	8.0分钟	26/35	查看
任务点3	20200509_173427.mp4	视频	0.2分钟	14/35	查看
任务点4	楼梯.mp4	视频	7.7分钟	25/35	查看
任务点5	20190327_131739.mp4	视频	10.8分钟	24/35	查看
任务点6	11 22课件3（2）.mp4	视频	11.8分钟	23/35	查看
任务点7	11 22课件2（2）.mp4	视频	5.7分钟	23/35	查看

续表

教学环节	课中		
	教学活动		设计思路
	教师活动	学生活动	
教学实施过程	（1）首先通过课程平台发布签到，对有病、事假的同学进行清晰的标记。 （2）教师结合汶川地震的真实案例：因楼梯结构破坏、倒塌导致大量人员伤亡，造成重大生命财产损失。引出本次课程的主题——楼梯，强调楼梯作为地震时人们逃生的唯一通道，在建筑物中作为"安全岛"的重要意义。 （3）通过课程平台的选人功能，选出1~3位同学作为代表，为其他同学展示课前拍摄的楼梯照片，分享自己的预习成果和拍摄心得。考查课前预习的成果。 （4）点评学生们在课前完成作业的情况，提出建设性建议。 （5）总结所有学生的预习成果，对突出的学生作业进行点评和补充。 （6）教师提出问题，引导学生对预习的内容进行思考，引出本次课教授的内容。 问题①：楼梯的主要构造有几部分？ 问题②：楼梯的设计要求有哪些？ 问题③：常见的楼梯有几种类型？	（1）根据要求完成签到。 （2）学生通过老师的介绍，认识到楼梯在建筑物内的重要作用。 （3）学生积极参与课堂互动，激发对本模块内容的学习兴趣，加深对知识的理解和记忆。对自己和其他同学的作业进行打分和互评；反思自己作业的不足之处。 （4）学生思考教师提出的问题，带着问题进入下一个环节的学习。	（1）通过现场签到可以及时准确地掌握学生的出勤情况。 （2）通过汶川地震的真实案例，培养学生端正的学习态度和"安全第一，预防为主"的职业意识（课程思政元素的融入）。 （3）以网络平台选人的方式找出课堂展示的学生，活跃课堂气氛，充分调动学生的学习兴趣，激发学生的学习积极性和课堂趣味性，提高学生的语言表达能力。 （4）通过问题讨论的方式提高学生思考问题、分析问题的能力。
	项目引入（15'）		

续表

| 教学实施过程 | 现场教学（60'） | （1）教师到校园内的楼梯间现场教学，同时通过手机平台直播共享给场外的学生观看。根据学生课前预习的反馈情况，现场讲解楼梯各部分的构造组成及常见尺度和设计要求。

①楼梯的组成
楼梯一般由楼梯段、楼梯平台、栏杆（栏板）和扶手三部分组成。
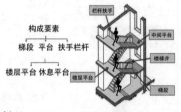
A.楼梯段
又称"楼梯跑"，是楼梯的主要使用和承重部分，是联系两个不同标高平台的倾斜构件。楼梯段是由若干个连续的踏步组成。踏步（称"级"）由水平的踏面和垂直的踢面形成。为减少人们上下楼梯时的疲劳和适应人行的习惯，一个楼梯段上的踏步数≮18级，每个楼梯段上的踏步数≮3级。
B.楼梯平台
平台指两楼梯段之间的水平板，有楼层平台、中间平台之分。其主要作用在于缓解疲劳，让人们在连续上楼时可在平台上稍加休息，故又称休息平台。同时，平台还是梯段之间转换方向的连接处，用来分配到达各层的人流。
C.栏杆（栏板）和扶手
栏杆是梯段的安全设施，一般设置在梯段的边缘和平台临空的一边，要求它必须坚固可靠，并保证有足够的安全高度。当楼梯段较宽时，常在楼梯段和平台靠墙一侧设置靠墙扶手。当梯段宽度很大时，则需在梯段中间加设中间扶手。
根据《民用建筑设计统一标准》（GB50352-2019）和《建筑设计防火规范》（GB50016-2014）要求： | （1）学生跟随教师的步伐，现场聆听关于楼梯的知识点。亲身参与教学活动，增强感性的认识，通过现场的楼梯实例直观透彻地理解本次课程的知识点。 | （1）对于大一学生而言，他们缺乏对建筑构造方面的基础认识，通过现场教学的方式刺激学生的感官，以真实的情境提高学生对知识的理解和记忆。
（2）通过平台的直播功能，可以同时提供给场外的学生学习，并且现场的同学也可以通过直播回放的功能随时复习本次课的内容。通过直播形成开放式的课堂。 |

构成要素

梯段 平台 扶手栏杆

楼层平台 休息平台

栏杆扶手

中间平台

楼梯井

楼梯平台

梯段

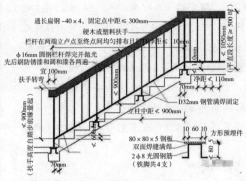

a. 栏杆垂直距离: 不应大于 110 mm。

b. 栏杆高度: 一般室内楼梯≥900 mm, 靠梯井一侧水平栏杆长度>500 mm, 其高度≥1000 mm; 室外楼梯栏杆高≥1050 mm。

D. 梯井

楼梯的两梯段之间形成的竖向空隙。规范要求:

a. 住宅建筑, 一般取值为 100~200 mm。

b. 公共建筑一般不小于 160 mm, 并应满足消防要求。

若设计无明确要求, 楼梯井净宽大于 0.20 m 的楼梯必须采取防止少年儿童攀滑的措施。楼梯扶手高度自踏步前缘线量起不宜小于 1.05m, 水平扶手长度超过 0.5 m 的, 其高度不应小于 1.1 m。

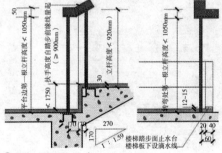

②楼梯的设计要求

A. 满足使用要求

a. 人流通畅: 有足够数量和宽度的楼梯且位置合适, 4 min 内人流全部疏散完毕, 楼梯间有足够的采光和通风, 不应有突出物, 例如: 暖气管、柱垛等。

b. 行走舒适: 楼梯间要有合适的坡度。需考虑人在负重状态下的行走, 并结合考虑空间的限制, 踏步的高宽比适宜。

（左栏）教学实施过程

（3）在教学中不仅介绍教材中的内容, 而且介绍建筑相关规范的要求, 强调建筑相关规范在实际工作中的重要作用。通过对建筑相关规范的讲解说明, 可以让学生在理解课堂教学知识的同时, 进一步熟悉建筑相关规范规定的原因以及依据, 对学生深入掌握该部分内容非常有利。使学生增强保证工程建设的质量和安全的意识, 真正为公民的切身利益着想, 以建筑行业标准来规范自己的建设行为。

续表

| 教学实施过程 | | c.安全防火:扶手牢固,踏步的表面耐磨、防滑、易清洁。楼梯的间距、数量、楼梯与房间的距离应满足《建筑设计防火规范》(GB50016-2014)的要求。楼梯间的墙必须是防火墙。若黏土砖墙厚度需"24墙"以上。房间除必要的门外,不得向楼梯间开窗。楼梯不能直接通地下室。防火楼梯不得采用螺旋形或者扇形。

B.满足施工要求
方便施工、经济、结构合理。

C.坚固耐久且安全
楼梯是安全岛,在未加强楼梯间,可在楼梯四角设构造柱,将楼梯设在地震变形较小的部位,高层建筑的楼梯间必须设在靠墙部位。造型美观,形成空间上的变换。

(2)布置课堂任务:实地测量身边楼梯间的开间、进深、休息平台、楼层平台的净尺寸,楼梯段踏步的数量和踏面、踢面的尺寸、扶手的高度、栏杆的间距、休息平台的净高等。将任务发布在平台作业区。

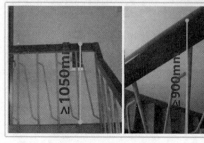 | (2)学生现场对楼梯进行实测实量,将测量的数据结果填到任务单中完成作业。 | (4)通过安排学生的实践任务,可以提高学生的实际动手能力,形成"做中学"的教学模式。并将理论与实际结合起来,培养学生分析问题与解决问题的能力及严谨的科学态度,为今后更好地服务社会打下坚实的基础。同时可提高学生的参与竞争意识、团队协作能力、沟通交流能力、劳动实践能力。 |

续表

教学实施过程	总结提升（20'）	（1）对课上学生任务的完成情况进行点评和总结。 （2）评价作业、统计成绩，为以后的教学提供依据。 	（1）学生互评作业，总结本节课所学到的知识，找出不足之处。 （2）听取教师的总结评价，取长补短。	（1）根据课程平台的数据统计功能，找出学生课上完成好的部分和不理想的部分，为以后的课程教学提供依据。学生根据平台的统计结果可以迅速找出自己所学的不足之处。同时，可以横向比较与其他同学的差距，互相取长补短。
	劳动实践（5'）	最后，让学生带走个人垃圾，将本次课的教学场所清扫干净。	清扫楼梯间，带走个人垃圾。恢复楼梯间原状。	让学生清扫楼梯间，培养学生良好的职业习惯和职业素养。

课后

教学环节	教学活动		设计思路
	教师活动	学生活动	
课后巩固	（1）要求学生完成线上的任务点和在线测试。 （2）将教学过程中产生的优秀学习成果在课程平台中进行展示，让学生互相观摩。 （3）网上统计作业、测试的成绩。 （4）对学生的在线提问进行答疑。 （5）找出完成课程任务和作业不理想的学生，重点辅导和答疑。	（1）完成线上的任务点和测试。 （2）对感兴趣的问题在线提问。	（1）通过展示学生中的优秀成果，达到"同伴互学"的效果。 （2）利用网络在线答疑的功能，随时随地解决学生的问题，巩固所学的知识点，提高学习效率。

续表

教学实施过程	考核评价	评价原则	课程采用形成性评价与总结性评价相结合的方式，且提高了形成性评价比例，注重对学生学习过程的控制与评价，使考核具备知识考核和能力考核的双重功效，其中形成性评价包括课堂提问或在线测试、在线讨论、单元在线测试、学习任务成果等。总结性评价以图纸、报告等形式进行，考查学生课程学习的整体效果是否达到教学目标的要求，充分体现课程考核的全程化、多元化思想。						
		评价主体	教师评价＋组间互评＋线上成绩						
		评价权重	课前任务点	组间互评	线上作业	随堂测试	到课率	在线讨论	抢答（选人）
			课程平台计分	学生评分	教师评分＋平台计分	课程平台计分	每缺勤一次扣2分	课程平台计分，每次加2分，满分10分	每次加5分，满分10分
			20%	10%	30%	20%			

	特色创新	（1）重视案例演绎，创新教学手段。以校园内真实楼梯为载体采用现场教学的方法，利用课程平台的资源，将抽象的知识形象化，使学生置身于真实的建筑场景中，更容易激发学生学习的兴趣，进而主动去理解其中的构造原理。极大地提高了学生对楼梯构造的整体理解能力，增强了对楼梯构造的整体认识，实现了学生学习能力的可持续发展。结合学生认知规律，将新媒体技术、3D 打印技术融入建筑构造的教学过程中，将复杂的构造原理通过 Revit 软件实现三维立体的展现，同时通过 3D 打印实体模型为三维空间想象能力较差的学生提供了直观的认识。3D 打印技术在教学中的应用，不仅激发了学生的学习兴趣，提高了课堂的教学效果，而且大大增强了学生学习的主动性，培养了学生的实践动手能力和创新思维。 （2）开展混合式教学，以学生为中心，推进考核改革。在线课程的设置是对传统线下课程的补充，弥补了课堂学时不足的问题。混合式教学增强了学生学习的自主性，提升了课程学习效果，提高了学生的专业知识水平。线上与线下课程教学紧密联系，各自发挥优势，实现优质资源共享互补。授课教师将二者共同纳入课程成绩评价体系，对在线课程中学生的表现与学习效果进行考核，考核结果纳入课程期末综合评价体系，与线下课堂表现、课后作业和期末考核一起综合加权给定课程的学习成绩。

续表

教学实施过程	特色创新	（3）思政融合，培养复合型人才。教学内容不仅包括专业技术内容，还要体现职业道德教育、从业精神教育等思政教育内容。它们的衔接不是直接插入内容，而是以专业内容为主，通过案例等形式渗透思政教育内容。以具体的工程案例、名人事迹告诫学生，一定要牢固掌握专业知识，夯实基础，并在从业过程中时刻保持安全警惕性，增强学生的社会责任感。 （4）以就业为导向，以职业岗位能力为主线，增强学生的职业能力。在教学中不仅介绍教材中的内容，同时介绍规范的要求，强调规范在实际工作中的重要作用。在教学中要满足建筑行业岗位能力要求，传授给学生最新的、最能满足建筑企业需要的知识、能力和素养，进而助推学生从"就业导向"迈向"产业需求导向"，保证工程建设的质量和安全，真正为公民的切身利益着想，以建筑行业标准来规范自己的建设行为。
	教学效果及反思	（1）线上与线下课程教学紧密联系，各自发挥优势，实现优质资源的共享互补。 （2）在整个教学过程中围绕学生主体，课堂气氛活跃，学生在学习专业知识的同时，也培养了其学习能力、沟通交流能力及团队合作精神。 （3）由于学生学习能力的差异，导致部分学生课堂参与度不够，学生是否主动参与是师生、生生间有效沟通的前提，以后在授课过程中采取分层教学，激励更多学生更积极地参与到课堂中来。 （4）加强课程案例视频资源、题库资源建设，不仅从"量"的角度，也从"类型"与"质"的角度充实教学资源，拓宽学生视野。 （5）加强教材建设，基于不断变化的在线课程内容和专业规范标准，及时更新配套教材。 （6）课程内容如何与本专业其他相关专业课程相结合，以提高学生的整体专业能力，也是值得研究的问题。

附件：

（1）课前学习任务单。

（2）课中学习任务单。

（3）课后学习任务单。

附件1

课前学习任务单

目标任务1：学习微课视频"楼梯的分类""楼梯的构造与尺度"。

目标任务2：讨论：举例说说你身边的楼梯是什么样子的，它们有哪些共同点，它们有哪些区别？

目标任务3：作业：每个人找到生活中至少五种类型的楼梯，拍成照片或小视频。

目标任务4：对不理解的问题可以查找资料、实际调研和网上交流探讨，可将收获上传平台分享。

在课前学习任务中，你最喜欢用哪种方式获取知识？（　　）（多选）	通过课前学习，你感觉本部分的难点问题是（　　）（多选）	通过课前学习，你觉得最有收获的方面是（　　）（多选）
A. 研读教材 B. 学习网络教学视频和微课 C. 在线作业和测试 D. 实际调研 E. 网上交流探讨 F. 其他	A. 楼梯的设计要求 B. 楼梯的构造组成 C. 楼梯的尺度要求 D. 其他	A. 锻炼了自学能力 B. 提高了交流能力 C. 培养了实践调研能力 D. 加强了竞争意识 E. 改进了学习方法 F. 其他

附件2

课中学习任务单

目标任务1：跟随教师到教学楼楼梯间现场学习楼梯的构造和尺度。

目标任务2：完成对身边楼梯间的实测实量，填写电子版任务工单并附测量尺寸的照片。

课堂任务工单

楼梯类型：_____　　楼梯地址：_____

第____小组

组员姓名：_____

测量实况：（单位：mm）

楼梯间净开间：	mm	一至二楼层净高：	m
楼梯间净进深：	mm	平台下净高：	m
楼梯梯数：	级	楼层平台净宽：	mm
梯段宽：	mm	休息平台净宽：	mm
梯段踏步数：	级	栏杆间距：	mm

续表

踏步踏面宽：	mm	扶手高度：	mm
踏步踢面高：	mm	楼梯井宽：	mm
实测实量楼梯照片：			

附件3

课后学习任务单

目标任务：完成课程平台的测试作业

楼梯的构造

一、判断题

1. 楼梯扶手的高度一般为踏面前缘以上 1.10 m。（错）

2. 楼梯梯段下面的净高不得小于 2000 mm。（错）

3. 设有电梯和自动扶梯的建筑物，可不必同时设置楼梯。（错）

二、单选题

1. 下面哪些楼梯可作为疏散楼梯？（A）

A. 直跑楼梯　　　B. 剪刀楼梯　　　C. 螺旋楼梯　　　D. 多跑楼梯

2. 在楼梯形式中，不宜用于疏散楼梯的是（D）。

A. 直跑楼梯　　　B. 两跑楼梯　　　C. 剪刀楼梯　　　D. 螺旋形楼梯

3. 常见楼梯的坡度范围为（B）。

A.300~600mm　　B.200~450mm　　C.450~600mm　　D.300~450mm

4. 楼梯踏步的踏面宽 b 及踢面高 h，参考经验公式（A）。

A.$b+2h=600\!\sim\!620$　　　　　　　B.$2b+h=600\!\sim\!630$

C.$b+2h=580\!\sim\!620$　　　　　　　D.$2b+h=580\!\sim\!620$

5. 楼梯的连续踏步阶数最多不超过多少级？（C）

A.28　　　　　B.32　　　　　C.18　　　　　D.12

6. 楼梯的连续踏步阶数最少为多少级？（D）

A.2 阶　　　　B.1 阶　　　　C.4 阶　　　　D.3 阶

7. 一般走道均为双向人流，一股人流宽（A）mm 左右。

A.550　　　　B.600　　　　C.700　　　　D.500

61

模块二　第 3~4 学时授课教案

一、教学信息

教学题目	平行双跑楼梯的设计		
授课班级	建筑工程技术专业一年级第二学期学生	授课学时	2 学时
上课地点	智慧教室	授课形式	线上＋线下混合式教学

二、教学基本情况

（一）教学背景

　　楼梯是建筑物中重要的垂直交通联系，供人们平时上下楼层和紧急疏散时使用。本次教学项目是"房屋建筑构造"这门课程中承上启下的学习内容，也是本课程的重难点所在，前续学习项目有基础与地下室、墙体、楼地层，后续的学习项目有屋顶、门窗、变形缝。

　　本模块的前续内容是认识楼梯，主要介绍楼梯的常见类型、楼梯的组成、楼梯的设计要求、楼梯的尺度要求等知识。

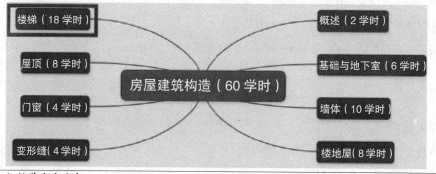

（二）教学内容分析

　　本次课程的教学内容为模块二：平行双跑楼梯的设计。前面学生已经学习了楼梯的构造与尺度的内容，在此基础上更进一步学习平行双跑楼梯的设计，并为下次学习绘制平行双跑楼梯建筑施工图打下基础。

　　学习楼梯的构造设计既可以加深学生对结构传力途径的认识，又可以锻炼学生的空间感悟能力，同时还可以让学生了解图纸表达的内容与深度，可谓学习构造设计快速入门的指南。

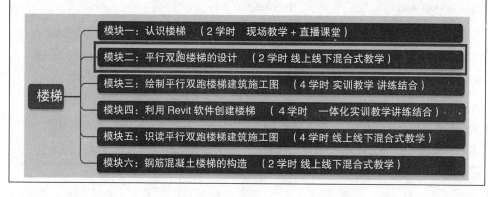

续表

（三）学情分析

本课程主要面向建筑工程技术专业的学生，在大一第二学期开设。经分析学生已具备以下特征。

知识基础：前面学生已经学习了楼梯的构造与常见的尺度等内容，绝大多数学生已经掌握了楼梯的常见类型和组成、楼梯的尺度等知识，已经具备学习平行双跑楼梯构造设计的能力。

学习特点：高职学生性情活泼，喜欢动手操作，善于利用电子产品，但缺乏主动学习的意识以及持之以恒的学习能动性，教师需注重学生特点，采取学生喜欢的方式，引导督促学生养成自主学习的习惯。同时，高职学生普遍抽象思维能力不强，通过现场以真实的情境和采用 3D 打印建筑模型进行教学，实现将平面图纸与建筑物的实体对接，更形象、更具体。

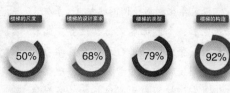

（四）参考教材

1. 纸质教材

自编教材《房屋建筑构造》，由北京理工大学出版社于 2018 年 2 月出版。

孙玉红主编的《房屋建筑构造》，由机械工业出版社出版，是"十二五"职业教育国家规划教材。

2. 在线教材

结合"互联网+"时代线上、线下混合式教学和新型冠状病毒肺炎疫情的双重需要，将自编教材《房屋建筑构造》制成数字资源，上传至超星图书平台，学生通过移动终端可随时随地免费阅读教材全部内容，配合课程平台的学习资源实现教材无纸化。

3. 参考教材

《民用建筑设计统一标准》GB50352-2019

《建筑设计防火规范》GB50016-2014（2018 年版）

《"1+X"建筑信息模型（BIM）职业技能等级标准》

《"1+X"建筑信息模型（BIM）职业技能等级证书学生手册（初级）》廊坊市中科建筑产业化创新研究院

《建筑制图标准》GB50001-2010

《房屋建筑制图统一标准》GB/T50001-2017

续表

（五）教学资源

1.教学资源

教学资源包括视频资源（Revit 动画、案例视频、课视频等）、精品课程网络教学平台、图片资源、3D 打印建筑模型、施工图纸及文本资源（自编教材、电子教材、课件教案、学习工作页、教师工页等）。

2.校内资源

课前学生利用校园网络机房、手机、平板电脑、个笔记本等信息设备查阅相关资料，登录课程平台进行自主学习。课堂上则使用学校的智慧教室、理实一体化教室、校园内已有建筑物、多媒体设备等校内资源，师生共同完成本次课的学习。

3.校外资源

河北能源职业技术学院校企合作办学资源优势明显，合作企业不仅可提供教学实训场地，企业专家还可录制课程知识点讲解视频供学生学习，同时邀请企业专家参与学生考核等环节。

三、教学策略

本模块课程设计针对建筑工程领域新发展、新要求，基于 OBE（教育是一种能力培养、能力训练）教学理念，构建"一坚二融三环三实"课程教学新模式。"一坚"指坚持一个中心，即以学生为中心；"二融"指融通线上、线下两个空间，推进课程的混合式学习；"三环"指在学习过程中要经历课前自学、课中内化、课后巩固扩展三个环节；"三实"指通过课程改革，力求实现以教为主到以学为主的转变、以理论为主到理论实践一体化的转变、以终结性评价为主到以形成性评价为主的转变。

本模块教学以任务引领为主线，采取"线上线下混合式教学＋现场教学"的模式，在充分把握现代教育教学理念的基础上，基于翻转课堂的方式组织教学。将课堂从课内延伸到课外，以真实的情境开启全程参与式的学习过程，引领学生自主学习、积极探索，培养学生空间想象能力，突出资源的有效利用。以任务驱动的教学方法，锻炼学生的动手操作能力，提高课堂教学效率。

同时基于超星学习通和智慧职教 MOOC 构建"5＋5"互动教学模式，形成智慧的学习空间。即教师的备课、授课、布置作业、批改作业、改进教学，学生预习、上课、完成作业、查看反馈、改进学习等十个环节相互影响、师生互动。

将教师的教学活动和学生的学习活动分为三个阶段，师生双方的活动相互呼应。

|课前|课中|课后|

授课教师负责制作教学资源，上传至网络教学平台，并安排预习任务，学生登录学习平台，观看和学习相关资源，完成预习任务，并可通过论坛与其他学习者及授课教师进行沟通。

教师由线上预习引出本课堂的学习任务，以教学楼的真实楼梯间为设计案例。教师重点讲解平行双跑楼梯的设计方法和步骤。对教学中的难点采用现场案例讲解的方式。然后通过教学平台下发任务。学生完成对平行双跑楼梯的设计。教师进行过程指导，通过智能终端对课堂学习结果进行现场考核，并对课堂任务的完成情况进行评价与反馈。

教师利用教学平台布置作业，学生利用网络教学平台完成作业和测试，可提出问题，并与教师进行答疑交流。最后，教师根据平台的网络数据对成绩不理想的学生进行重点辅导，在线答疑。

教学设计流程图：

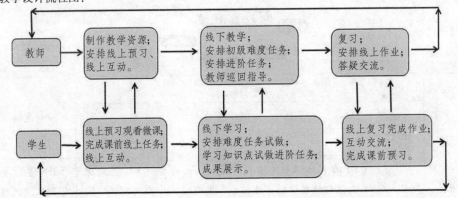

四、教学实施过程

（一）教学目标

能力目标	知识目标	素质目标
（1）能独立进行平行双跑楼梯间设计。 （2）能调整楼梯平台梁底净高。	（1）掌握一般平行双跑楼梯的计算方法和步骤。 （2）掌握楼梯的踏步尺寸、梯段宽度、楼梯井宽度、平台宽度等尺度的确定方法。 （3）掌握楼梯平台梁底设出入口时净高的调整方法。	（1）培养学生自主学习的意识，促进学生独立思考。 （2）培养学生理论联系实际、举一反三的能力。 （3）培养学生严谨、细致、精益求精的工匠精神。

续表

（二）教学重点难点及解决方法
重点：双跑楼梯的设计步骤和设计方法。 难点：楼梯底层平台设出入口时，楼梯净高的设计方法。 解决方法：利用教学楼内楼梯间的设计实例，现场讲解。或者利用 3D 打印的楼梯模型或者 BIM 模型通过上下、左右旋转拖动或剖切的方法展示给学生，破解设计难点。

（三）教法分析及信息化教学手段

1. 教学方法

教法	案例教学法、任务驱动法、现场教学法
学法	参与式、讨论式、探究式

2. 信息化教学手段

　　课程在线学习平台的所有信息化教学资源，包括课件、微课、动画、习题、任务单、测验、考试及直播等。

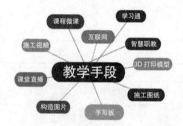

		课前		
教学环节		教学活动		设计思路
		教师活动	学生活动	
教学实施过程	发布任务	（1）在网络课程平台发布通知，公布本次课程的教学项目及任务，发布微课视频二维码。	（1）登录课程平台学习，扫二维码观看微课视频及本课程的教学资源，初步了解本次课程的学习内容，完成课前预习。	（1）使学生了解本次课程的主题，明确本次课程的学习目的。养成自主学习的好习惯。

| 教学实施过程 | 发布任务 | （2）在课程平台通知学生完成预习作业和课前讨论。
（3）在课程平台讨论区发布需要讨论的问题，并回顾前面的知识点。
问题①：楼梯的主要组成有几部分？
问题②：楼梯设计有哪些要求？
（4）在课程平台发布作业：
作业①：播放美国纽约地铁36街车站出口著名的"绊倒梯"视频。请学生分析思考行人屡次绊倒的原因。

作业②：请学生观看2018年郑州某外国语学校因栏杆突然断裂导致三名高一年级的男生坠落的新闻报道。请学生分析栏杆断裂的原因。

作业③：搜集其他发生在生活中关于楼梯的安全事故案例。作业设置成可生生互评。
（5）线上解答学生预习中遇到的问题。
（6）监测学生的学习动态和学习数据，及时调整教学侧重点。 | （2）在课程讨论区回答讨论的问题。
（3）针对老师发布的两个案例进行思考、分析，形成报告完成作业。
（4）上网搜集关于楼梯的其他安全事故案例，制作成报告，完成作业。
（5）学生对自己和其他同学的作业进行打分和互评。
（6）通过观看其他同学的作业，反思自己作业的不足之处，进而补充优化。
（7）对不懂的问题进行查找资料、实际调研和网上交流探讨。 | （2）通过信息化的网络平台，了解学生原有的知识基础，激发学生的学习兴趣。教师根据学生课前学习数据反馈，及时调整教学策略。通过让学生回答讨论的问题来巩固上次课程所学的知识。
（3）通过让学生分析关于楼梯安全的两个案例并搜集其他关于楼梯的安全事故案例，使学生加深对设计要求的理解，从思想上重视本次课程的学习内容。
（4）学生互评作业，可互相学习，取长补短。
（5）学生上传预习成果，丰富平台的资源库和数据。 |

续表

教学环节		课中		设计思路
		教学活动		
		教师活动	学生活动	
教学实施过程	项目引入（15'）	（1）首先通过课程平台发布签到，对有病、事假的同学进行清晰的标记。 （2）通过学生互评功能，找到前两名得分最高的学生分享自己课前对于两个案例的分析和自己的搜集成果。 （3）点评学生课前完成作业和讨论的情况，根据课前学生讨论回答的问题总结所有学生的预习成果。评选课前预习优秀的两名学生给予课堂加分的奖励。 （4）教师提出问题，引导学生对预习的内容进行思考，引出本次课讲授的重点内容。 问题：假如今天需要我们设计实训楼的楼梯间，大家想一想应该怎样设计呢？	（1）根据要求完成签到。 （2）被选出的学生分享自己对于课前两个案例的思考结果。 （3）聆听被选出的同学的作业分享。对比自己的作业取长补短。 （4）思考教师提出的问题，带着问题进入下一个环节的学习。	（1）通过现场签到，及时准确地掌握学生的出勤情况。 （2）通过对两个案例的研讨，培养学生端正的学习态度与严谨、细致、精益求精的工匠精神。同时加强对学生的生命安全教育（课程思政元素的融入）。 （3）通过生生互评的方式找出课堂展示的学生，激发学生的学习积极性和课堂趣味性，提高学生的语言表达能力。 （4）通过问题讨论的方式提高学生思考问题、分析问题的能力。
	案例讲解	（1）通过学习通摇一摇的功能，选出1~3名学生分享课前微课的预习成果。说一说平行双跑楼梯的设计步骤。 （2）对学生的预习成果进行点评、总结。 结合3D打印模型和实训楼施工图进行案例讲解。	（1）被选出的学生分享通过微课学习到的双跑楼梯的设计步骤。 （2）其他学生聆听分享内容，思考内容的正确性。	（1）由于课件中的立体模型照片只能呈现一个角度，不容易从各个方向观察，因此通过对缩尺的

续表

| 教学实施过程 | 案例讲解 | 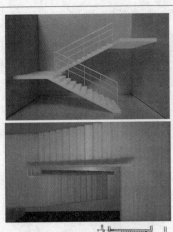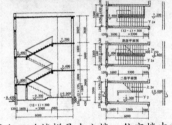平行双跑楼梯是办公楼、住宅楼中常见的一种楼梯形式，以本校实训楼为例介绍平行双跑楼梯的一般设计方法和步骤。

平行双跑楼梯设计步骤：
①确定楼梯的坡度，踏步高、宽。
②确定每层踏步数量。
③确定梯井及梯段的宽度。
④确定平台宽度。
⑤满足楼梯净空高度的要求。
⑥尺寸校核。

（3）发布课堂任务：对学校实训楼的楼梯间进行其他方案的设计。
（4）巡视课堂，对有疑问的学生单独指导。
（5）总结学生在设计中遇到的共性问题，统一讲解。对学生难以理解的问题，可以通过3D打印的楼梯模型 | （3）小组讨论楼梯间的设计方案。
（4）根据课前微课学习的成果，初步完成楼梯的设计。
（5）对于完成有困难的地方可以互相讨论或者向老师提问。 | 3D打印模型的展示，学生可以从各个角度及方向进行观察和认知，增加了学生的空间想象能力。
（2）通过讲练结合的形式，让学生在做中学、学中做。在完成任务的同时也掌握了楼梯的设计方法。
（3）BIM模型图像立体、逼真，尺寸较大。学生可以通过手机或电脑随意拖动、旋转、剖切模型，使学生可以更加清楚、细致地观察模型，理解楼梯设计过程中的计算方法。 |

续表

		或者 BIM 模型通过上下、左右旋转拖动或剖切的方法展示给学生，破解设计难点。		
教学实施过程	现场教学(15')	（1）对设计过程中的难点：楼梯底层平台下设出入口时，楼梯净高的设计方法进行重点讲解。底层楼梯间出入口平台净高小于2000mm 方法①：将楼梯底层设计成"长短跑"，让第一跑的踏步数目多些，第二跑踏步少些，利用踏步的多少来调节下部净空的高度。 方法②：增加室内外高差。 方法③：将上述两种方法结合，即降低底层中间平台下的地面标高，同时增加楼梯底层第一个梯段的踏步数量。 方法④：将底层采用单跑楼梯，这种方式多用于少雨地区的住宅建筑。 方法⑤：取消平台梁，即平台板和梯段组合成一块折形板。		（1）通过现场教学的方式刺激学生的感官，以真实的环境提高学生对知识的理解和记忆。 （2）通过平台的直播功能，可以同时提供给场外的学生学习，并且现场的同学也可以通过直播回放的功能随时复习本单元的内容。

教学实施过程				

（2）邀请助教老师在教室外、校园内的楼梯间现场教学，同时通过手机平台直播给场外的学生观看。助教老师带领学生在教学楼集体爬楼梯，爬楼梯时让学生跟着数楼梯踏步数量，最后一级到休息平台时，提醒大家：每一个梯段踏步数量是否相等？哪些梯段踏步数量不等？为什么？

（3）对学生进行分组，布置课堂任务，将任务发布在平台作业区。

任务：分别观察本教学楼楼梯间现场，分析楼梯底层平台下净高的设计方法属于课堂介绍的哪一种，并说明理由。

（1）学生现场参与教学活动，增强感性的认识，通过现场的楼梯实例直观透彻地理解本次课程的难点。

（2）现场观察，对楼梯进行实测实量，完成教师布置的任务，并上传至平台作业区。

（3）通过对学生的分组实践，加强学生的团队协作能力。

（4）通过对校园内楼梯间的实际勘察，能够将课堂内枯燥的知识转化成现实的工程做法，达到知行合一的目的。既合理利用了校园内的教学资源，又能使学生对所学知识融会贯通。

总结提升（30'）

（1）对课上各小组任务的完成情况进行点评和总结。展示设计过程中常见的错误案例。

（2）请 3~5 名设计优秀的学生上台分享自己的设计经验和设计结果。

（3）在课程平台发布投票活动，选出本堂课最优秀的 3 份设计书，对设计学生给予课堂加分。

（1）听取教师的总结评价，取长补短。

（2）聆听台上学生的经验分享。

（3）为心目中优秀的设计投票。

（4）修改、补充、完善自己的设计书。

（1）通过展示错误案例，使学生加深对双跑楼梯设计方法的理解，防微杜渐，提高学生对楼梯设计方法的掌握程度。

（2）通过让优秀的学生上台分析设计过程中的经验和开展投票活动，帮助学生取长补短，同时加强学生的参与竞争意识。

续表

教学实施过程	劳动实践（5'）	最后，让学生带走个人垃圾，将本次课的教学场所清扫干净。	清扫楼梯间，带走个人垃圾。恢复楼梯间原状。	让学生清扫楼梯间，培养学生良好的职业习惯和职业素养。
	课后			

| | | 教学活动 | | |
	教学环节	教师活动	学生活动	设计思路
教学实施过程	课后巩固	（1）在课程平台布置作业：作业①：分别观察校园内其他教学楼、实训楼、宿舍楼、图书馆、办公楼的楼梯间现场。测量底层平台下的净高，分析各个楼梯底层平台下净高的设计方法属于课堂介绍的哪一种，并说明理由。作业②：分小组根据任务单中给出的已知条件，对其他类型的楼梯间进行设计。 （2）网上评价学生完成的作业并给出成绩。 （3）在教学中产生的优秀学习成果，在课程平台中开辟专门的展示区，让学生互相观摩。 （4）对学生的在线提问进行答疑。 （5）找出完成课程任务和作业不理想的学生，重点辅导和答疑。	（1）完成对校园内其他楼梯间的勘察，对照课上讲的内容，完成分析报告，在课程平台上传。 （2）对有疑惑的问题在线提问。	（1）通过展示学生中的优秀成果，达到"同伴互学"的效果。 （2）利用网络在线答疑的功能，随时随地解决学生的问题，巩固所学的知识点，提高学习效率。
	评价考核	评价原则	课程采用形成性评价与总结性评价相结合的方式，且提高了形成性评价比例，注重对学生学习过程的控制与评价，使考核具备知识考核和能力考核的双重功效，其中形成性评价包括课堂提问或在线测试、在线讨论、单元在线测试、学习任务成果等。总结性评价以图纸、报告等形式进行，考查学生课程学习的整体效果是否达到教学目标的要求，充分体现课程考核的全程化、多元化思想。	
		评价主体	教师评价＋学生评价＋组间评价	

续表

		课前任务点	组间互评	线上作业	随堂测试	到课率	在线讨论	抢答（选人）
评价考核	评价权重	课程平台计分	学生评分	教师评分＋平台计分	课程平台计分	每缺勤一次扣2分	课程平台计分，每次加2分，满分10分	每次加5分，满分10分
		20%	10%	30%	20%			

教学实施过程	特色创新	（1）重视案例演绎，创新教学手段。以校园内真实构件为载体采用现场教学的方法，利用课程平台的资源，将抽象的知识形象化，使学生置身于真实的建筑场景中，更容易激发学生学习的兴趣，进而主动去理解其中的构造原理，极大地提高了学生对楼梯构造的整体理解能力，增强了对楼梯构造的整体认识，实现了学生学习能力的可持续发展。结合学生认知规律，将新媒体技术、3D打印技术融入建筑构造的教学过程中，将复杂的构造原理通过Revit软件实现楼梯三维立体的展现，同时通过3D打印楼梯模型为三维空间想象能力较差的学生提供了直观的认识。3D打印技术在教学中的应用，不仅激发了学生的学习兴趣，提高了课堂的教学效果，而且大大增强了学生学习的主动性，培养了学生的实践动手能力和创新思维。 （2）开展混合式教学，以学生为中心，推进考核改革。在线课程的设置是对传统线下课程的补充，弥补了课堂学时不足的问题。混合式教学增强了学生学习的自主性，提升了课程学习效果，提高了学生的专业知识水平。线上与线下课程教学紧密联系，各自发挥优势，实现优质资源共享互补。授课教师将二者共同纳入课程成绩评价体系，对在线课程中学生的表现与学习效果进行考核，考核结果纳入课程期末综合评价体系，与线下课堂表现、课后作业和期末考核一起综合加权给定课程的学习成绩。 （3）思政融合，培养复合型人才。教学内容不仅包括专业技术内容，还要体现职业道德教育、从业精神教育等思政教育内容。它们的衔接不是直接插入内容，而是以专业内容为主，

续表

教学实施过程	特色创新	通过案例等形式渗透思政教育内容。以具体的工程案例告诫学生，一定要牢固掌握专业知识，夯实基础，并在从业过程中时刻保持安全警惕性，增强学生的社会责任感。 （4）以就业为导向，以职业岗位能力为主线，增强学生的职业能力。在教学中不仅介绍教材中的内容，同时介绍规范的要求，强调规范在实际工作中的重要作用。在教学中要满足建筑行业岗位能力要求，传授给学生最新的、最能满足建筑企业需要的知识、能力和素养，进而助推学生从"就业导向"迈向"产业需求导向"，保证工程建设的质量和安全，真正为公民的切身利益着想，以建筑行业标准来规范自己的建设行为。
	教学效果及反思	（1）采用直播课堂、翻转课堂、参与式、探究式等教学方法，充分调动学生的感官认知，丰富空间想象能力，将复杂的问题清晰化，使学生在观察思考中学习新知识。 （2）在整个教学过程中围绕学生主体，课堂气氛活跃，学生在学习专业知识的同时，也培养了其学习能力、沟通交流能力及团队合作精神。 （3）本堂课主要是根据平行双跑楼梯进行设计，学生还不是很熟悉楼梯的施工过程，需要加强这方面的锻炼增加实践教学环节，让学生对建筑构造有更深刻的认识。 （4）加强课程案例视频资源、题库资源建设，不仅从"量"的角度，也从"类型"与"质"的角度充实教学资源，拓宽学生视野。 （5）加强教材建设，基于不断变化的在线课程内容和专业规范标准，及时更新配套教材。 （6）由于学生学习能力的差异，导致部分学生课堂参与度不够，学生是否主动参与是师生、生生间有效沟通的前提，以后在授课过程中采取分层教学，激励更多学生更积极地参与到课堂中来。 （7）课程内容如何与本专业其他相关专业课程相结合，以提高学生的整体专业能力，也是值得研究的问题。

附件：

（1）课前学习任务单。

（2）课中学习任务单。

（3）课后学习任务单。

附件1

课前学习任务单

目标任务1：学习微课视频"平行双跑楼梯的设计"

目标任务2：讨论问题①：楼梯的主要组成有几部分？讨论问题②：楼梯设计有哪些要求？

目标任务3：作业：分析思考美国纽约地铁36街车站出口著名的"绊倒梯"使行人屡次绊倒的原因。

目标任务4：作业：观看2018年郑州某外国语学校因栏杆突然断裂导致三名高一年级的男生坠落的新闻报道，分析栏杆断裂的原因。

目标任务5：作业：搜集其他发生在生活中关于楼梯的安全事故案例。

目标任务6：对不理解的问题可以查找资料、实际调研和网上交流探讨，可将收获上传平台分享。

在课前学习任务中，你最喜欢用哪种方式获取知识？（　　）（多选）	通过课前学习，你感觉本部分的难点问题是（　　）（多选）	通过课前学习，你觉得最有收获的方面是（　　）（多选）
A. 研读教材	A. 踏步尺寸的确定方法	A. 锻炼了自学能力
B. 学习网络教学视频和微课	B. 踏步数量的确定方法	B. 提高了交流能力
C. 在线作业和测试	C. 梯段的水平投影长度的计算	C. 培养了实践调研能力
D. 实际调研	D. 梯段的高度计算	D. 加强了竞争意识
E. 网上交流探讨	E. 平台深度的确定	E. 改进了学习方法
F. 其他	F. 校核方法	F. 其他
	G. 底层平台下设通道时，净高的调整方法	
	H. 其他	

附件2

课中学习任务单

目标任务1：学习平行双跑楼梯的设计方法和步骤。

目标任务2：根据已学知识，设计学校实训楼楼梯间的其他方案。

目标任务3：掌握楼梯底层平台下设出入口时，楼梯净高的设计方法。

目标任务4：观察本教学楼楼梯间现场，分析楼梯底层平台下净高的设计方法属于课堂介绍的哪一种，并说明理由。

目标任务5：与同学一起分享设计心得，评选优秀设计。

附件3

课后学习任务单

目标任务1：

分别观察校园内其他教学楼、实训楼、宿舍楼、图书馆、办公楼的楼梯间现场（至少观察四种楼梯），测量底层平台下的净高，并分析各个楼梯底层平台下净高的设计方法属于课堂介绍的哪一种，并说明理由（附楼梯测量照片）。

要求：

（1）测量底层平台下的净高。

（2）统计每一个楼梯段踏步的数量。

（3）测量室内外高差。

（4）拍摄能够显示楼梯设计关键节点的照片（至少三张）。

目标任务2：

第一小组设计实例：

教学楼的层高为3.30 m，楼梯间的开间为3.60 m，进深为8.7 m，室内外地面高差为450mm，墙厚为240 mm，楼梯底层平台下设出入口，轴线居中，试设计该楼梯间。

第二小组设计实例：

住宅楼的层高为2.9 m，楼梯间的开间为3.3 m，进深为6 m，室内外地面高差为300 mm，墙厚为200mm，楼梯底层平台下设出入口，轴线居中，试设计该楼梯间。

第三小组设计实例：

幼儿园的层高为2.6 m，楼梯间的开间为3.3 m，进深为5.7 m，室内外地面高差为100mm，墙厚为200 mm，楼梯底层平台下设出入口，轴线居中，试设计该楼梯间。

第四小组设计实例：

影剧院的层高为3.9 m，楼梯间的开间为4.5m，进深为9 m，室内外地面高差为450 mm，墙厚为240 mm，楼梯底层平台下设出入口，轴线居中，试设计该楼梯间。

设计要求：设计双跑楼梯的踏步数量、尺寸，梯段长度、宽度，平台宽度，并满足规范的要求。

目标任务3：

对不理解的问题可以查找资料、实际调研和网上交流探讨，可将收获上传平台分享。

模块三　第 5~8 课时授课教案

一、教学信息

教学题目	绘制平行双跑楼梯建筑施工图		
授课班级	建筑工程技术专业 一年级第二学期学生	授课学时	4 学时
上课地点	绘图实训室	授课形式	讲练结合

二、教学基本情况

（一）教学背景

　　楼梯是建筑物中重要的垂直交通联系，供人们平时上下楼层和紧急疏散时使用。本次教学项目是"房屋建筑构造"这门课程中承上启下的学习内容，也是本课程的重难点所在。前续学习项目有基础与地下室、墙体、楼地　层，后续的学习项目有屋顶、门窗、变形缝。

　　楼梯建筑施工图的绘制是在学生们学习完楼梯的分类、构造、尺度以及楼梯的设计方法之后，学习成果的一种输出方式。通过绘制双跑楼梯建筑施工图，可以使学生对前面学习的知识有更深层次的理解并可将知识融会贯通。同时，为后续学习平行双跑楼梯的识读和用 Revit 软件绘制楼梯提供了学习的基础。

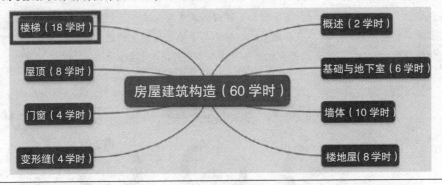

（二）教学内容分析

　　本次课程的教学内容为模块三。主要介绍根据模块二平行双跑楼梯的构造设计结果绘制双跑楼梯的建筑施工图。绘制楼梯施工图可以锻炼学生的空间感悟能力，同时还可以让学生了解图纸表达的内容与深度。这部分学习内容实践性较强，学好这一部分内容将为以后各模块内容的学习打下良好的基础。同时，也会使学生对进一步学习专业课程产生兴趣，提升学习信心。能够对简单的楼梯间进行设计和建筑施工图的绘制是本项目教学的主要目的之一。对于学生而言，无论今后从事设计、监理还是施工，都需要掌握绘制楼梯建筑施工图方面的相关知识。

续表

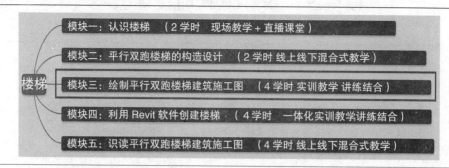

（三）学情分析

本课程主要面向建筑工程技术专业的学生，在大一第二学期开设。经分析学生已具备以下特征。

知识基础：学生通过前面对楼梯的构造和尺度的学习，已经具备了对楼梯进行构造设计的初步能力。本模块的主要任务是把前面学到的知识用 图纸的形式表现出来。通过第一个学期"建筑制图"课程的学习，学生已经具备了绘制建筑施工图的基本能力。

学习特点：对于大一下学期的学生，一般专业基础薄弱，对专业了解不深，对专业制图表达方法缺乏系统性的认识，并且此阶段大部分学生的逻辑思辨能力和空间想象能力十分有限，严重影响了课程的学习效果。虽然学生的理论学习能力相对薄弱，但动手操作能力相对较强。如果不采取有效措施及时调整，容易打击刚刚步入大学校园学生的学习热情和积极性。经教学团队研讨，适当增加了课内实践学时，减少了理论学习学时。同时，绝大多数学生对网络电子产品有着浓厚的兴趣，易于接受信息化的教学手段。可以将学习通或智慧职教 MOOC 与实训教学有机结合，培养学生的动手实践能力。

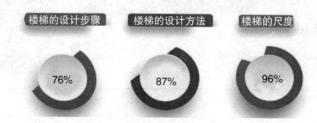

（四）参考教材

1. 纸质教材

自编教材《房屋建筑构造》，由北京理工大学出版社于 2018 年 2 月出版。

孙玉红主编的《房屋建筑构造》，由机械工业出版社出版，是"十二五"职业教育国家规划教材。

2. 在线教材

结合"互联网＋"时代线上、线下混合式教学和新型冠状病毒肺炎疫情的双重需要，将自编教材《房屋建筑构造》制成数字资源，上传至超星图书平台，学生通过移动终端可随时随地免费阅读教材全部内容，配合课程平台的学习资源实现教材无纸化。

3. 参考教材

《民用建筑设计统一标准》GB50352-2019

《建筑设计防火规范》GB50016-2014（2018年版）

《"1+X"建筑信息模型（BIM）职业技能等级标准》

《"1+X"建筑信息模型（BIM）职业技能等级证书学生手册（初级）》廊坊市中科建筑产业化创新研究院

《建筑制图标准》GB50001-2010

《房屋建筑制图统一标准》GB/T50001-2017

（五）教学资源

1. 教学资源

教学资源包括视频资源（Revit动画、案例视频、微课视频等）、精品课程网络教学平台、图片资源、3D打印建筑模型、施工图纸及文本资源（自编教材、电子教材、课件、教案、学习工作页、教师工作页等）。

2. 校内资源

课前学生利用校园网络、机房、手机、平板电脑、个人笔记本等信息设备查阅相关资料，登录课程平台进行自主学习。课堂上则使用学校的智慧教室、理实一体化教室、校园内已有建筑物、多媒体设备等校内资源，师生共同完成本次课的学习。

3. 校外资源

河北能源职业技术学院校企合作办学资源优势明显，合作企业可提供教学实训场地，企业专家还可录制与课程内容相关的实际案例讲解视频供学生学习，同时邀请企业专家参与学生考核等环节。

续表

三、教学策略

本模块课程设计针对建筑工程领域新发展、新要求，基于OBE（教育是一种能力培养、能力训练）教学理念，构建"一坚二融三环三实"课程教学新模式。"一坚"指坚持一个中心，即"以学生为中心"；"二融"指融通线上、线下两个空间，推进课程的混合式学习；"三环"指在学习过程中要经历课前自学、课中内化、课后巩固扩展三个环节；"三实"指通过课程改革，力求实现以教为主到以学为主的转变、以理论为主到理论实践一体化的转变、以终结性评价为主到以形成性评价为主的转变。

本模块教学以任务引领为主线，在课程设计中引入OBE教学理念，针对行业岗位需求，将课程"学习产出"与知识点关联，将知识点任务化，按照"职业能力—工作任务—学习任务—学习项目—知识点"的反向设计模式，对知识点重新进行梳理。同时，将线上线下混合式教学的模式应用于实训教学中，以信息化为平台，将"教、学、做"融为一体，师生、生生互动，因材施教，因课施教。

基于超星学习通和智慧职教MOOC课程平台构建"5+5"互动的教学模式形成智慧的学习空间。即教师的备课、授课、布置作业、批改作业、改进教学，学生预习、上课、完成作业、查看反馈、改进学习等十个环节相互影响、师生互动。

将教师的教学活动和学生的学习活动分为三个阶段，师生双方的活动相互呼应。

课前　　　　　课中　　　　　课后

课前	课中	课后
授课教师负责制作教学资源，上传至网络教学平台，并安排预习任务，学生登录学习平台，观看和学习相关资源，完成预习任务，并可通过论坛与其他学习者及授课教师进行沟通。	教师带领学生在绘图实训室首先布置课堂任务。采用任务驱动的教学方法带领学生边练边讲，在反复的讨论与互动中完成课堂任务，进而将所学的知识融会贯通，达到提升能力的目的。学生完成任务后，选出3~5名学生展示绘图作品并分享绘制心得。其余学生通过课程平台为优秀的作品投票，同时可取长补短修改自己的作品。	教师根据教学内容编制实训指导书。学生完成实训任务在线提交实训报告，线下提交楼梯建筑施工图。同时学生可以在线观摩其他同学的作品，在线互评打分。教师根据平台的网络数据对成绩不理想的学生进行重点辅导，在线答疑，将学习延伸到课外，进一步培养学生的学习能力。

续表

教学设计流程图：

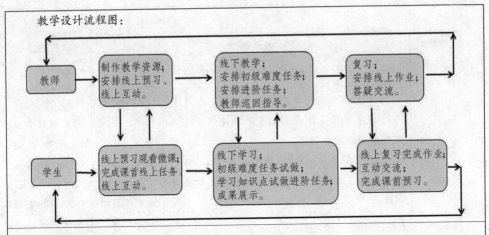

四、教学实施过程

（一）教学目标

能力目标	知识目标	素质目标
（1）能够绘制建筑物内简单的平行双跑楼梯建筑施工图。	（1）掌握楼梯的平面图绘制方法和步骤。 （2）掌握楼梯剖面图绘制的方法和步骤。	（1）培养学生分析问题和解决问题的能力，提升职业技能。 （2）培养学生理论联系实际、举一反三的能力。 （3）培养学生严谨、细致、精益求精的工匠精神。 （4）培养学生的团队协作和团队互助意识。

（二）教学重点难点及解决方法

重点：双跑楼梯平面图、剖面图的绘制。

难点：楼梯剖面图中踏步的绘制方法。

解决方法：采用PPT、现场演示和讲授等方法集中讲解、加强训练。

（三）教法分析及信息化教学手段

1. 教学方法

教法	任务驱动法、案例分析法、讲授法、演示法
学法	探究式、自主学习式、参与式

2. 信息化教学手段

课程在线学习平台的所有信息化教学资源，包括课件、微课、动画、习题、任务单、测验、考试及直播等。

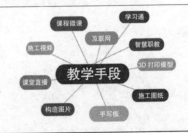

续表

教学环节		课前		设计思路
		教学活动		
		教师活动	学生活动	
教学实施过程	发布任务	（1）在网络课程平台发布通知，公布本次课程的教学项目及任务，发布微课视频"双跑楼梯的绘制方法"。 （2）在课程平台分享本校教学楼楼梯间的施工图纸，供学生提前观摩思考：楼梯详图的绘制方法。 （3）在课程平台上发布文章链接，请学生阅读关于梁思成、林徽因夫妇的事迹介绍及测绘手稿图。请学生思考：什么是工匠精神？ 	（1）搜集信息、查阅资料，在课程平台上观看微课视频及本课程的教学资源，初步了解本次课程要学习的内容。 （2）用手机CAD快速识图APP打开图纸，实地勘察学校实训楼，同时对照施工图纸，找到图纸表达的内容对应的实际位置、尺寸。 （3）阅读关于梁思成夫妇的事迹，观摩先生的手稿。	（1）为课程新知识的学习做好知识储备，养成自主学习的好习惯。 （2）通过信息化的网络平台，学生可以随时随地自主完成学习任务，为课上实训环节打好基础，养成自主学习的好习惯。 （3）通过展示梁思成先生的手稿，引导学生：虽然科技手段在不断进步，但是亲自体验比什么都重要。先生的作品不仅只是简单的图纸，更像是一个艺术品，先生也不单单是一名建筑设计师，也是一名艺术家。在那个没有CAD的时代，

教学实施过程	发布任务	（4）线上解答学生预习中遇到的问题。 （5）监测学生的学习动态和学习数据，及时调整教学侧重点。		他们同样能设计出好的建筑。技术的支撑只是一个方面，最重要的还是自己也要有能力。CAD只是方便我们设计，提高我们的效率，而没有CAD我们也应该能够设计出一样的作品，我们不应该依附科技，而应该让科技更好地服务我们。（思政元素的引入）
		课中		
	教学环节	教学活动		设计思路
		教师活动	学生活动	
	项目引入（15'）	（1）首先通过课程平台发布签到，对有病、事假的同学进行清晰的标记。 （2）通过课程平台的选人功能，选出1~2位同学作为代表，分享自己观摩楼梯施工图的感受。 （3）点评学生们在课前完成作业的情况，提出建设性建议。 （4）教师提出问题，引导学生对预习的内容进行思考，引出本次课教授的内容。 问题：如果我们在座的每位同学都是建筑设计师，可不可以画出楼梯的建筑施工图呢？怎样才能画好楼梯的建筑施工图呢？	（1）根据要求完成签到。 （2）聆听其他同学的分享。 （3）思考教师提出的问题，带着疑问进入下一个环节的学习。	（1）通过现场签到可以及时准确地掌握学生的出勤情况。 （2）通过问题讨论的方式提高学生思考问题、分析问题的能力。

续表

教学实施过程	课堂实训(120')	(1) 首先,教师布置绘图实训的任务,将任务单通过平台发放给学生:根据上次课对双跑楼梯设计的结果,绘制此平行双跑楼梯的建筑施工图(包括平面图、剖面图及节点详图)要求 A2 图纸一张,平面图比例 1:50,剖面图比例 1:30。 (2) 将班级学生划分成若干个小组,每 2~3 人为一组,设小组组长。以小组为单位完成楼梯间建筑施工图的绘制。 (3) 利用教学课件讲解双跑楼梯平面图和剖面图的绘制方法、步骤及要求。 将建筑平面图中楼梯间的比例放大后画出的图样,称为楼梯平面图,比例通常为 1:50,包含楼梯底层平面图、楼梯标准层平面图和楼梯顶层平面图等。楼梯平面图表达的内容有: ①楼梯间的位置。 ②楼梯间的开间、进深、墙体的厚度。 ③梯段的长度、宽度以及楼梯段上踏步的宽度和数量。 ④休息平台的形状、大小和位置。 ⑤楼梯井的宽度。 ⑥各层楼梯段的起步尺寸。 ⑦各楼层、各平台的标高。 ⑧在底层平面图中还应标注出楼梯剖面图的剖切位置(剖切符号)。 绘制楼梯平面图的作图步骤: ①将各层平面图对齐,根据楼梯间的开间、进深画定位轴线。 ②画墙身厚度、门窗洞口位置线及门的开启线。 ③画楼梯平台宽度、梯段长度及梯井宽度等位置线。 ④用等分平行线间距的几何作图方法,画楼梯的踏面线:$(n-1)$ 等分梯段长度,画出踏面,注意踏面步数为 $(n-1)$,n 为楼梯步级数,并画出上下行箭头线。	(1) 学生接受任务,研讨绘制方案。 (2) 小组确定本组方案,制定计划,组长分配绘制任务。 (3) 聆听关于绘制楼梯知识点的讲解,将重要的知识点记在课程笔记上。 (4) 跟随老师的讲解步骤绘制平面图的定位轴线。 (5) 绘制墙身、门窗。 (6) 绘制平台、梯段。 (7) 绘制踏步。 (8) 检测并标注。 (9) 加深轮廓线。 (10) 书写文字。	(1) 利用课前自主制作的 PPT 课件,让学生直观地学习绘制方法。

| 教学实施过程 | | ⑤画出梯井：注意底层平面、标准层平面、顶层平面中的区别。
⑥检查底稿并布置标注（尺寸标注及标高标注）。
⑦加深及加粗图线，标注剖切位置符号及名称。

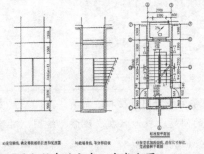

⑧书写图上所有的文字，完成全图。
楼梯剖面图是用假想的铅垂剖切平面通过各层的一个梯段和门窗洞口将楼梯垂直剖切，向另一未剖到的梯段方向投影所做的剖面图。
楼梯剖面图主要表达楼梯踏步、平台的构造、栏杆的形状以及相关尺寸，比例一般为1:50、1:30或1:40。
楼梯剖面图应注明各楼楼层面、平台面、楼梯间窗洞的标高、踢面的高度、踏步的数量以及栏杆的高度。
画楼梯剖面图作图步骤：
①根据楼梯底层平面图中的剖切符号，画被剖切的定位轴线、墙身线，定楼梯段、平台的位置。
②画轴线和墙、柱的厚度。
③依据标高，画室内外地坪线、各层楼面、楼梯平台及其厚度。
④根据楼梯段的长度、平台的宽度确定梯段位置，（$n-1$）等分梯段长度，n 等分梯段高度，并画出斜梯段或梯板厚度、平台梁的轮廓线。未剖切到的梯段踏步可见画细实线，不可见画细虚线。
⑤画台阶、栏杆扶手等细部。 | （11）相同步骤绘制楼梯底层平面图。
（12）相同步骤绘制楼梯顶层平面图。
（13）绘制楼梯剖面图的定位轴线、墙身线，定楼梯段、平台的位置。
（14）绘制墙、柱的轮廓线。
（15）绘制梯段、平台、踏步。
（16）绘制栏杆、扶手等细部。
（17）检查并标注。
（18）加粗轮廓线并书写文字。 | |

续表

教学实施过程		⑥布置标注（尺寸标注及标高标注）并检查底稿。 ⑦按线型加深加粗图线，按要求画出图例符号。 ⑧完成全图文字书写。 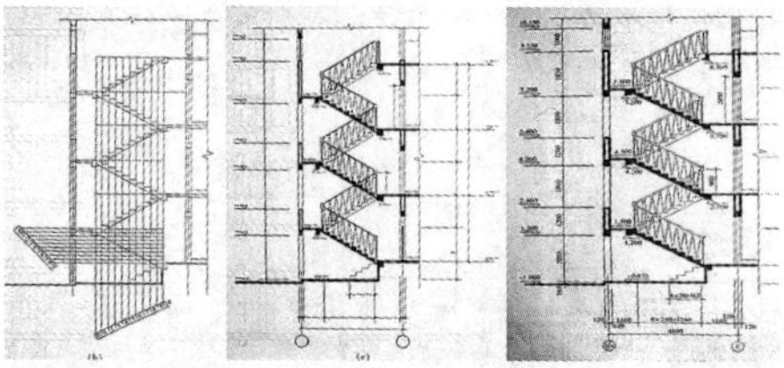 		
	难点突破 （10'）	（1）教师随时掌握学生的绘图进度和绘制质量，回答学生提出的问题。教师只在发现学生错误时，提供必要的指导和帮助。对完成任务有困难的学生重点辅导、答疑。 （2）对于本次课程的难点：楼梯间剖面图中梯段踏步的绘制，采用现场演示+腾讯会议直播的方法讲解怎样用等分两平行线间距离的方法划分踏步的宽度、步数和高度、级数。 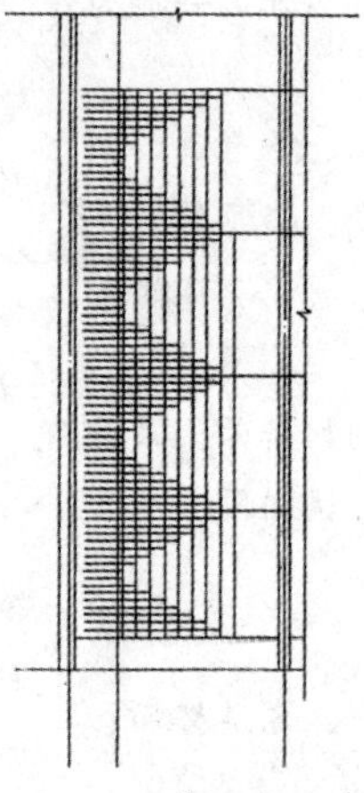 b) 图8.35 楼梯剖面图的画法	（1）学生绘图，对绘制有困难的地方可以互相讨论或者向教师提问。	（1）给学生布置任务，并在实际操作中给予积极的、适时的指导，让学生在做中学、在学中做，提高动手操作能力。 （2）学生实际操作时遇到问题可相互讨论，确实不能解决的问题及时请教老师，可促使学生积极思考与探究。 （3）在学生活动过程中更注意良好习惯和职业素养的培养。
	校对互查 （20'）	布置校对任务：各小组将图纸上传至学习通平台。首先，各小组内学生相互校对，绘制首层平面图、标准层平面图和顶层平面图的学生互相校对。其次，相互校对楼梯剖面图及节点详图，并填写图纸校对表。最后，小		

续表

| 教学实施过程 | | 组间互评审核，由组长填写图纸审核表。施工图自审、校对主要解决以下四方面问题：
（1）错——数据、尺寸、计算。
（2）漏——深度、尺寸。
（3）碰——专业配合、互提资料。
（4）缺——图纸深度。
核对内容包括以下几方面：
（1）核对计算书。
（2）核对数据：平面尺寸、垂直尺寸、标高。
（3）核对设计深度。
（4）核对是否符合设计依据。
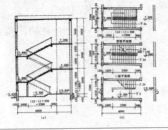 | 学生互相校对，小组互相审核 | 通过小组分工、学生互相校对、小组互审的方式，不仅可以让学生充分发挥主观能动性，而且能认识到自身的不足之处，互相取长补短。同时还可以培养学生的观察能力、团队协作和团队互助意识。 |
| | 总结提升
（30'） | （1）在课程平台组织小型研讨会，选出3~5名优秀的学生展示自己的绘图成果，并分享自己的绘图心得。其他学生可以通过课程平台给完成优秀的同学投票。
（2）在课程平台开设讨论区，对没有机会上台分享的学生可以在讨论区分享自己的制图心得。对在讨论区分享心得获赞数量最多的同学给予课堂加分的奖励。
（3）对课上每位学生任务的完成情况进行点评和总结。
（4）评价作业、统计成绩，为以后的教学提供依据。
 | （1）选出的学生向老师和同学汇报自己的绘图心得。
（2）听取教师的总结评价，取长补短。
（3）为心目中优秀的同学作品投票。
（4）在讨论区分享自己的绘图心得，为讨论区其他优秀的回复点赞。
（5）完成实训报告，并上传至课程平台。 | （1）教师可从学生的分享中知晓他们在制图过程中存在的问题，从而切实提出指导意见。
（2）学生可通过在平台的讨论区互相交流，找到自己作品的不足之处，同时可以横向比较与其他同学的差距，取长补短。 |

续表

教学实施过程	劳动实践（5'）	最后，让学生带走个人垃圾，将本次课的教学场所清扫干净。			清扫实训室地面、黑板，带走个人垃圾，恢复教室原状。			让学生清扫实训室，培养学生良好的职业习惯和职业素养。	
		课后							
	教学环节	教学活动						设计思路	
		教师活动				学生活动			
	课后巩固	（1）对于在课上没有完成绘图任务的学生可在课下继续完成绘制任务或者修改图纸。 （2）网上统计作业、测试的成绩。 （3）对学生的在线提问进行答疑。 （4）找出完成课程任务和作业不理想的学生，重点辅导和答疑。				（1）根据校对、互评的结果，继续完成绘制任务或者修改图纸。 （2）对感兴趣的问题在线提问。		利用网络在线答疑的功能，随时随地解决学生的问题，巩固所学的知识点，提高学习效率。	
	考核评价	评价原则	课程采用形成性评价与总结性评价相结合的方式，且提高了形成性评价比例，注重对学生学习过程的控制与评价，使考核具备知识考核和能力考核的双重功效，其中形成性评价包括课堂提问或在线测试、在线讨论、单元在线测试、学习任务成果等。总结性评价以图纸、报告等形式进行，考查学生课程学习的整体效果是否达到教学目标的要求，充分体现课程考核的全程化、多元化思想。						
		评价主体	教师评价＋学生评价＋线上成绩						
		评价权重	课前任务点	组间互评	学生互评	教师评价	线上作业	到课率	在线讨论	抢答（选人）

			课前任务点	组间互评	学生互评	教师评价	线上作业	到课率	在线讨论	抢答（选人）
		评价权重	课程平台计分	学生评分	学生评分	教师评分	教师评分	每缺勤一次扣2分	课程平台计分，每次加2分，满分10分	每次加5分，满分10分
			15%	10%	10%	20%	25%			

续表

| 教学实施过程 | 特色创新 | （1）重视案例演绎，创新教学手段。以校园内真实楼梯为载体采用现场教学的方法，利用课程平台的资源，将抽象的知识形象化，使学生置身于真实的建筑场景中，更容易激发学生学习的兴趣，进而主动去理解其中的构造原理，极大地提高了学生对楼梯构造的整体理解能力，增强了对楼梯构造的整体认识，实现了学生学习能力的可持续发展。结合学生认知规律，将新媒体技术、3D 打印技术融入建筑构造的教学过程中，将复杂的构造原理通过 Revit 软件实现三维立体的展现，同时通过 3D 打印实体模型为三维空间想象能力较差的学生提供了直观的认识。3D 打印技术在教学中的应用，不仅激发了学生的学习兴趣，提高了课堂的教学效果，而且大大增强了学生学习的主动性，培养了学生的实践动手能力和创新思维。
（2）开展混合式教学，以学生为中心，推进考核改革。在线课程的设置是对传统线下课程的补充，弥补了课堂学时不足的问题。混合式教学增强了学生学习的自主性，提升了课程学习效果，提高了学生的专业知识水平。线上与线下课程教学紧密联系，各自发挥优势，实现优质资源共享互补。授课教师将二者共同纳入课程成绩评价体系，对在线课程中学生的表现与学习效果进行考核，考核结果纳入课程期末综合评价体系，与线下课堂表现、课后作业和期末考核一起综合加权给定课程的学习成绩。
（3）思政融合，培养复合型人才。教学内容不仅包括专业技术内容，还要体现职业道德教育、从业精神教育等思政教育内容。它们的衔接不是直接插入内容，而是以专业内容为主，通过案例等形式渗透思政教育内容。以具体的工程案例、名人事迹告诫学生，一定要牢固掌握专业知识，夯实基础，并在从业过程中时刻保持安全警惕性，增强学生的社会责任感。
（4）以就业为导向，以职业岗位能力为主线，增强学生的职业能力。在教学中不仅介绍教材中的内容，同时介绍规范的要求，强调规范在实际工作中的重要作用。在教学中要满足建筑行业岗位能力要求，传授给学生最新的、最能满足建筑企业需要的知识、能力和素养，助推学生从"就业导向"迈向"产业需求导向"，保证工程建设的质量和安全，真正为公民的切身利益着想，以建筑行业标准来规范自己的建设行为。 |
| | 教学效果及反思 | （1）线上与线下课程教学紧密联系，各自发挥优势，实现优质资源的共享互补。
（2）在整个教学过程中围绕学生主体，课堂气氛活跃，学生在学习专业知识的同时，也培养了其学习能力、沟通交流能力及团队合作精神。
（3）由于学生学习能力的差异，导致部分学生课堂参与度不够，学生是否主动参与是师生、生生间有效沟通的前提，以后在授课过程中采取分层教学，激励更多学生更积极地参与到课堂中来。 |

续表

教学实施过程	教学效果及反思	（4）加强课程案例视频资源、题库资源建设，不仅从"量"的角度，也从"类型"与"质"的角度充实教学资源，拓宽学生视野。 （5）加强教材建设，基于不断变化的在线课程内容和专业规范标准，及时更新配套教材。 （6）课程内容如何与本专业其他相关专业课程相结合，以提高学生的整体专业能力，也是值得研究的问题。

附件：

（1）课前学习任务单。

（2）课中学习任务单。

（3）课后学习任务单。

附件1

课前学习任务单

目标任务1：学习微课视频"双跑楼梯的绘制方法"。

目标任务2：观摩本校教学楼楼梯间的 CAD 施工图纸，思考图纸标注、绘制的方法。写出学习心得。

目标任务3：阅读关于梁思成、林徽因两位先生的事迹介绍及测绘手稿图。

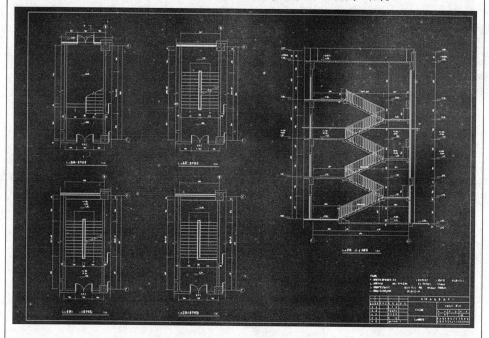

续表

在课前学习任务中，你最喜欢用哪种方式获取知识？（ ）（多选）	通过课前学习，你感觉本部分的难点问题是（ ）（多选）	通过课前学习，你觉得最有收获的方面是（ ）（多选）
A. 研读教材 B. 学习网络教学视频和微课 C. 在线作业和测试 D. 实际调研 E. 网上交流探讨 F. 其他	A. 平面图的绘制 B. 剖面图的绘制 C. 楼梯的标注 D. 其他	A. 锻炼了自学能力 B. 提高了交流能力 C. 培养了实践调研能力 D. 加强了竞争意识 E. 改进了学习方法 F. 其他

附件 2

任务单 1 学生实训手册

用一张 A2 图纸完成以下内容。

1. 绘制楼梯间底层、标准层和顶层三个平面图，比例为 1:50

（1）绘出楼梯间墙、门窗、踏步、平台及栏杆扶手等。底层平面图还应绘出室外台阶或坡道、部分散水的投影等。

（2）标注两道尺寸线。开间方向：第一道：细部尺寸，包括梯段宽、梯井宽和墙内缘至轴线尺寸；第二道：轴线尺寸。进深方向：第一道：细部尺寸，包括梯段长度、平台深度和墙内缘至轴线尺寸；第二道：轴线尺寸。

（3）内部标注楼层和中间平台标高、室内外地面标高，标注楼梯上下行指示线，并注明该层楼梯的踏步数和踏步尺寸。

（4）注写图名、比例，底层平面图还应标注剖切符号。

2. 绘制楼梯间剖面图，比例为 1:30

（1）绘出梯段、平台、栏杆扶手、室内外地面、室外台阶或坡道、雨篷以及剖切到投影所见的门窗、楼梯间墙等，剖切到的部分用材料图例表示。

（2）标注两道尺寸线水平方向：第一道：细部尺寸，包括梯段长度、平台宽度和墙内缘至轴线尺寸；第二道：轴线尺寸。垂直方向：第一道：各梯段的级数及高度；第二道：层高尺寸。

（3）标注各楼层和中间平台标高、室内外地面标高、底层平台梁底标高、栏杆扶手高度等。注写图名和比例。

3. 绘制楼梯构造节点详图（2~5 个），比例为 1:10
要求表示清楚各细部构造、标高有关尺寸和做法说明。

任务单2　图纸校对、审核表

内容	校对		审核		主要问题
	符合	不符	符合	不符	
图面要求					
1.图纸绘制是否符合《建筑制图标准》					
2.图面布置是否合理					
3.图纸名称与图签栏内容是否一致					
4.比例尺是否符合设计要求					
5.平面图是否有指北针，指北针所示是否正确					
6.注释文字是否正确、标准、齐全					
平面图					
1.开间、进深的轴线及轴线编号是否齐全、准确					
2.各层平面图中轴线编号是否一致					
3.轴线之间尺寸、最外轴线之间的总尺寸或外包总尺寸、门窗洞口尺寸、分段尺寸、墙体厚度、墙体与轴线关系尺寸是否齐全、准确（或用说明注明）					
4.楼梯段净宽（除去扶手）是否满足规范要求					
5.平面节点放大或局部详图有无遗漏、详图符号是否正确					

续表

内容	校对		审核		主要问题
	符合	不符	符合	不符	
剖面图					
1.一层平面图上的剖切线（位置、编号）是否与剖面图相符					
2.详图索引是否正确					
3.室内外地面标高及各层楼面标高是否齐全、准确					
4.楼梯剖面图所画与楼梯平面图剖切方向所见是否一致					
5.楼梯平台、梯段高度是否碰头					
6.楼梯踏步的高宽是否满足建筑相关规范的要求					
7.栏杆的高度、间距是否符合规范要求					
8.楼梯的梯段数、踏步数、踏步尺寸是否与设计相符					
9.梯段净宽是否满足建筑相关规范的要求					

附件3

课后学习任务单

目标任务1：在课上没有完成绘图任务的同学，课下可在实训室继续完成绘制任务。对于需要修改图纸的同学也可在实训室修改、优化图纸。将修改、优化后的图纸上交课代表。

目标任务2：观摩其他工程楼梯间的施工图纸，上交观摩心得和体会。

目标任务3：观摩班级优秀同学的作品和往届毕业学生的优秀作品，取长补短。

目标任务4：对不理解的问题可以查找资料、实际调研和网上交流探讨，可将收获上传平台分享。

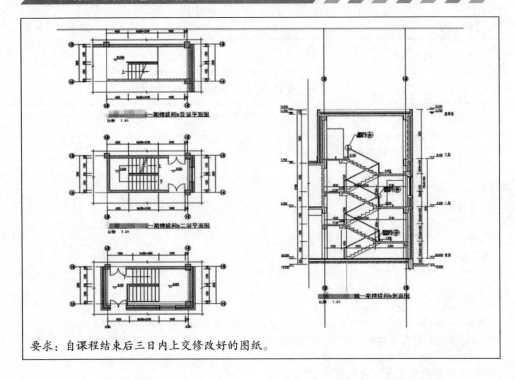

要求：自课程结束后三日内上交修改好的图纸。

模块四 第 9~12 学时授课教案

一、教学信息

教学题目	利用 Revit 创建楼梯		
授课班级	建筑工程技术专业 一年级第二学期学生	授课学时	4 学时
上课地点	BIM 实训室	授课形式	一体化教学

二、教学基本情况

（一）教学背景

　　为了更好地落实教育部"1+X"证书制度，尽快进行课程体系的改革，适应学生考取"1+X"证书的需求。本项目教学将 BIM 建筑信息建模嵌入"房屋建筑构造"课程中，BIM 技术的融入可以让学生更直观地了解房屋的立体模型，各组成部分以及平、立面布置等，是建筑工程类专业学生学习专业课程的必要补充。建筑工程技术专业的课程实践性和专业性均较强，大一学生又缺乏工程实践经验，为了便于学生理解，可充分利用 BIM 技术可视化、协调性、模拟性、优化性的特点。基于 Revit 软件建模能做到"所见即所得"，能够给学生非常直观的视觉印象，使之快速理解二维图纸与真实三维模型之间的转化，大大提高教学的系统性、直观性、有效性。

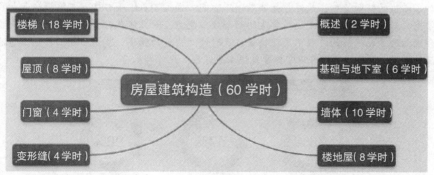

（二）教学内容分析

　　楼梯是建筑构成的六大要素之一。结合本课程的课程标准和"1+X"建筑信息模型（BIM）职业技能等级标准（初级）的要求，将本项目教学内容整合为六个模块。本次教学主要针对前五个模块进行设计。这部分内容实践性较强，将学生的动手能力和实践技术结合起来，让学生更加深刻地了解建筑并在建筑模型建立之后，从图中可以很直观地看出设计、施工当中存在的问题，针对出现的问题在模型中可以直接进行修改，从而避免不必要的损失。本次教学内容主是使用 Revit 软件创建楼梯在 BIM 考试真题中楼梯部分的扩展应用，将学生的动手能力、理论知识和"1+X"证书结合起来，将书本上的理论知识实践

续表

化，再将实践化的知识运用到"1+X"证书考试中，与就业相对接，培养学生职业适应性，为企业输送专业技术人才。

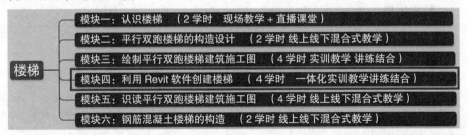

楼梯
- 模块一：认识楼梯 （2学时 现场教学+直播课堂）
- 模块二：平行双跑楼梯的构造设计 （2学时 线上线下混合式教学）
- 模块三：绘制平行双跑楼梯建筑施工图 （4学时 实训教学 讲练结合）
- 模块四：利用 Revit 软件创建楼梯 （4学时 一体化实训教学讲练结合）
- 模块五：识读平行双跑楼梯建筑施工图 （4学时 线上线下混合式教学）
- 模块六：钢筋混凝土楼梯的构造 （2学时 线上线下混合式教学）

（三）学情分析

本课程主要面向建筑工程技术专业的学生，在大一第二学期开设。经分析学生已具备以下特征。

知识基础：前面学生已经学习了楼梯的构造与尺度、平行双跑楼梯的设计与绘制等内容。绝大多数学生已经具备学习平行双跑楼梯 Revit 建模这部分内容的能力。经过半年的基础课程的学习和集体生活，学生们已经具备初步的专业基础知识，对校园的学习环境已经熟悉；团队凝聚力强，易于组织开展小组活动。

学习特点：学生在绘图过程中由于不了解建筑的内部构造和具体造型，所以在绘图时难以想象出建筑的实际情况，导致建筑设计结果和理性结果有很大的差距。而且运用传统方法绘制的平面图、立面图、剖面图常常不能相对应，不能使各部分关联起来。如果修改平面图，就需要同时单独修改立面图和剖面图。反复修改图纸，加重了学生工作量的同时增加了学生的抵触情绪，最终导致效果图不理想。通过 Revit 平台建立三维模型大大激发了学生的兴趣，不仅能大大提高学生的动手操作能力，而且能及时发现所设计的建筑物的不合理之处，在建模的过程中发现错误，及时修改出现的错误，减少重复工作量。通过运用三维模型，能使学生更好地掌握建筑施工全过程和内外部构造。

楼梯的设计步骤 76%　　楼梯的设计方法 87%　　楼梯的尺度 96%

（四）参考教材

1. 纸质教材

自编教材《房屋建筑构造》，由北京理工大学出版社于 2018 年 2 月出版。

孙玉红主编的《房屋建筑构造》，由机械工业出版社出版，是"十二五"职业教育国家规划教材。

2. 在线教材

结合"互联网+"时代线上、线下混合式教学和新型冠状病毒肺炎疫情的双重需要，将自编教材《房屋建筑构造》制成数字资源，上传至超星图书平台，学生通过移动终端可随时随地免费阅读教材全部内容，配合课程平台的学习资源实现教材无纸化。

续表

3. 参考教材

《民用建筑设计统一标准》GB50352-2019

《建筑设计防火规范》GB50016-2014（2018 年版）

《"1+X"建筑信息模型（BIM）职业技能等级标准》

《"1+X"建筑信息模型（BIM）职业技能等级证书学生手册（初级）》廊坊市中科

建筑产业化创新研究院

《建筑制图标准》GB50001-2010

《房屋建筑制图统一标准》GB/T50001-2017

（五）教学资源

1. 教学资源

教学资源包括视频资源（Revit 动画、案例视频、微课视频等）、精品课程网络教学平台、图片资源、3D 打印建筑模型、施工图纸及文本资源（自编教材、电子教材、课件教案、学习工作页、教师工作页等）。

2. 校内资源

课前学生利用校园网络、机房、手机、平板电脑、个人笔记本等信息设备查阅相关资料，登录课程平台进行自主学习。课堂上则使用学校的智慧教室、理实一体化教室、校园内已有建筑物、多媒体设备等校内资源，师生共同完成本次课的学习。

续表

3. 校外资源

河北能源职业技术学院校企合作办学资源优势明显，合作企业可提供教学实训场地，企业专家还可录制与课程内容相关的实际案例讲解视频供学生学习，同时邀请企业专家参与学生考核等环节。

三、教学策略

本模块课程设计针对建筑工程领域新发展、新要求，基于 OBE（教育是一种能力培养、能力训练）教学理念，构建"一坚二融三环三实"课程教学新模式。"一坚"指坚持一个中心，即"以学生为中心"；"二融"指融通线上、线下两个空间，推进课程的混合式学习；"三环"指在学习过程中要经历课前自学、课中内化、课后巩固扩展三个环节；"三实"指通过课程改革，力求实现以教为主到以学为主的转变、以理论为主到理论实践一体化的转变、以终结性评价为主到以形成性评价为主的转变。

本模块教学以任务引领为主线，在课程设计中引入 OBE 教学理念，针对行业岗位需求，将课程"学习产出"与知识点关联，将知识点任务化，按照"职业能力—工作任务—学习任务—学习项目—知识点"的反向设计模式，对知识点重新进行梳理。同时，将线上线下混合式教学的模式应用于实训教学中，以信息化为平台，将"教、学、做"融为一体，师生、生生互动，因材施教，因课施教。

同时基于超星学习通和智慧职教 MOOC 课程平台构建"5+5"互动的教学模式形成智慧的学习空间。即教师的备课、授课、布置作业、批改作业、改进教学，学生预习、上课、完成作业、查看反馈、改进学习等十个环节相互影响、师生互动。

  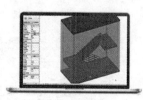

| 课前 | 课中 | 课后 |

利用网络课程平台发布本次课程的微课，通过观看微课做好调查问卷，根据数据统计，及时调整教学侧重点。

课中教师通过 Revit 软件的操作现场演示真题解题步骤并引出设计中常见的问题，学生通过使用课前分析数据，亲自参与其中，能更好地理解绘制楼梯的命令，同时熟悉考试题型，帮助学生顺利取得"1+X"证书。在课程结束时还可以进行企业视频连线，通过企业专业人士的点评，让学生有更明确的学习目标。

教师利用教学平台布置作业，学生利用网络教学平台完成作业和测试，可提出问题，并与教师进行答疑交流。最后，教师根据平台的网络数据对成绩不理想的学生进行重点辅导，在线答疑。

教学设计流程图：

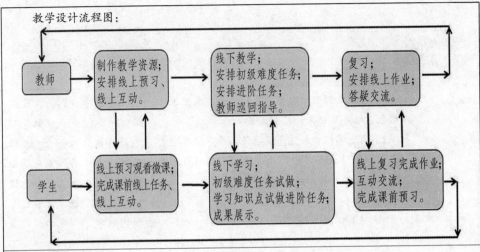

四、教学实施过程

（一）教学目标

能力目标	知识目标	素质目标
（1）能够独立完成楼梯建模。 （2）能够深化楼梯建模的常用参数。	（1）掌握使用 Revit 软件完成平行双跑楼梯建模中梯段、平台和栏杆扶手的创建及参数修改。 （2）掌握 Revit 中楼梯二维到三维的切换。	（1）培养学生自主学习的意识，促进学生独立思考。 （2）培养学生分析问题和解决问题的能力，提升职业技能。 （3）培养学生理论联系实际、举一反三的能力。 （4）培养学生严谨、细致、精益求精的工匠精神。

（二）教学重点、难点及解决方法

重点：双跑楼梯可视化建模的方法和步骤。

难点：楼梯扶手的编辑。

解决方法：屏幕共享操作演示，通过共同操作边讲边练习的方法展示给学生编辑楼梯扶手的方法。

（三）教法分析及信息化教学手段

1. 教学方法

教法	案例教学法、任务驱动法、演示教学法
学法	探究式、参与式、讨论式

2. 信息化教学手段

课程在线学习平台的所有信息化教学资源，包括课件、微课、动画、习题、任务单、测验、考试及直播等。

续表

课前			
教学环节	教学活动		设计思路
	教师活动	学生活动	
教学实施过程			

教学实施过程 / 发布任务

（1）在网络课程平台发布通知，公布本次课程的教学项目及任务，发布微课视频二维码。

（2）通过课程平台发布课前任务单，要求学生在课前识读任务单中的楼梯平面、剖面图，根据前面已学到的知识填写任务单。

附：任务单。

课堂任务工单

（单位毫米 mm）

楼梯间开间：	一至二楼层净高：
楼梯间进深：	平台下净高：
楼梯梯数：	楼梯平台长：
梯段宽：	平台宽：
楼段踏步数：	栏杆间距：
踏步踏面宽：	栏杆扶手高：

（3）发布课前问卷调查，了解前面知识的学习情况。

问卷　再次发放

[多选题]楼梯的组成
已答：16　　查看未答 >

D: 28.6%　A: 28.5%　C: 14.3%　B: 28.6%

A.梯段　16人　28.5%
B.平台　16人　28.6%
C.梯井　8人　14.3%
D.栏杆扶手　16人　28.6%

学生活动：
（1）登录课程平台学习，扫二维码观看微课视频及本课程的教学资源，初步了解本次课程的知识点，完成课前预习。

（2）总结数据填写任务单并上传在课程讨论区。

（3）参与调查问卷。

（4）对不理解的问题进行查找资料、实际调研和网上交流探讨。

设计思路：
（1）为课程新知识的学习做好知识储备。充分调动学生学习积极性，开展自主探究的学习方式。使学生了解本次课程的主题，明确本次课程的学习目的。

（2）通过让学生填写课前任务单，加深学生对先修课程的理解，并能提高学生解决实际问题的能力和效率。

（3）通过信息化的网络平台，了解学生原有的知识基础。教师根据学生课前学习数据反馈，及时调整教学策略。

发布任务	（4）监测学生的学习动态和学习数据，及时调整教学侧重点。 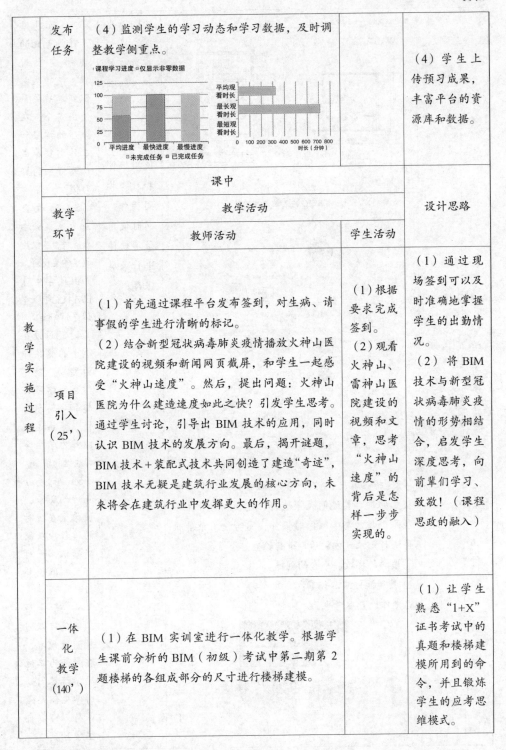		（4）学生上传预习成果，丰富平台的资源库和数据。
	课中		
教学环节	教学活动		设计思路
	教师活动	学生活动	
教学实施过程	项目引入（25'） （1）首先通过课程平台发布签到，对生病、请事假的学生进行清晰的标记。 （2）结合新型冠状病毒肺炎疫情播放火神山医院建设的视频和新闻网页截屏，和学生一起感受"火神山速度"。然后，提出问题：火神山医院为什么建造速度如此之快？引发学生思考。通过学生讨论，引导出 BIM 技术的应用，同时认识 BIM 技术的发展方向。最后，揭开谜题，BIM 技术＋装配式技术共同创造了建造"奇迹"，BIM 技术无疑是建筑行业发展的核心方向，未来将会在建筑行业中发挥更大的作用。	（1）根据要求完成签到。 （2）观看火神山、雷神山医院建设的视频和文章，思考"火神山速度"的背后是怎样一步步实现的。	（1）通过现场签到可以及时准确地掌握学生的出勤情况。 （2）将 BIM 技术与新型冠状病毒肺炎疫情的形势相结合，启发学生深度思考，向前辈们学习、致敬！（课程思政的融入）
	一体化教学（140'） （1）在 BIM 实训室进行一体化教学。根据学生课前分析的 BIM（初级）考试中第二期第 2 题楼梯的各组成部分的尺寸进行楼梯建模。		（1）让学生熟悉"1+X"证书考试中的真题和楼梯建模所用到的命令，并且锻炼学生的应考思维模式。

续表

| 教学实施过程 | 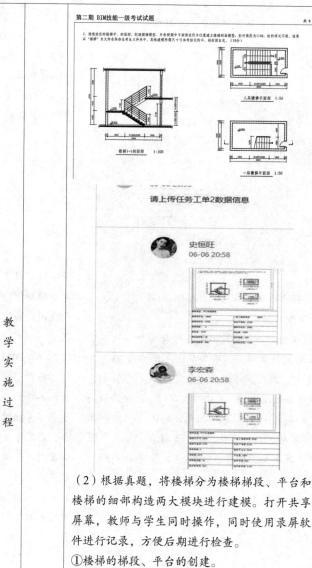（2）根据真题，将楼梯分为楼梯梯段、平台和楼梯的细部构造两大模块进行建模。打开共享屏幕，教师与学生同时操作，同时使用录屏软件进行记录，方便后期进行检查。
①楼梯的梯段、平台的创建。
A.教师操作演示如下：
a.操作设置参考平面。
 | （1）学生课前进行数据填写并上传到学习通平台。
（2）学生使用软件和教师共同操作，同时使用录屏软件进行录屏保存。 | （2）通过演示精细无比的楼梯建模过程，使学生意识到建筑关系使用安全，在今后的学习和工作中要养成认真仔细的好习惯。
（3）通过企业专家视频连线点评，不仅开阔了学生视野，而且使学生对BIM技能等级考试更加有信心。
（4）通过设置小小的奖品作为奖励，激发学生的学习兴趣和主动参与性。奖品还可以作为学生学习生涯的留念。
（5）通过打分互评的环节，使学生在校对的过程中巩固新知识，同时可互相取长补短。
（6）通过扫二维码可以随时随地学习，在教师为其他同学解答问题时学生们无须等待，可以自主学习。 |

教学实施过程

b. 在建筑选项卡的楼梯走道面板中选择楼梯工具。

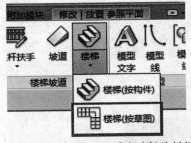

c. 打开类型编辑对话框，设置和选择楼梯样式。

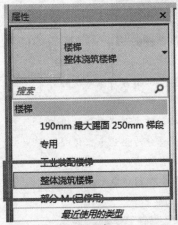

d. 命名为楼梯，并确定保存。

e. 设置参数。

结构	≈
钢筋保护层	钢筋保护层 1...
尺寸标注	≈
宽度	1270.0
所需踢面数	18
实际踢面数	18
实际踢面高度	158.3
实际踏板深度	260.0
标识数据	≈

续表

| 教学实施过程 | f. 提示错误修改。

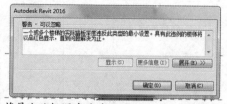

g. 将最小踏板深度改为 260mm。

h. 操作二维转三维建模效果。

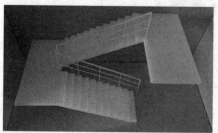

B. 与企业负责 BIM 考试培训的专家进行现场连线，对学生的建模信息根据 BIM 等级考试的得分点进行点评。
C. 专家点评结束后，告知学生课程中分数组成情况：在本次课程中，总分为企业专家评分＋教师评分＋学生互评＋线上成绩，班级得分最高的同学工作室将为其定制打印本人楼梯建模信息的专属 3D 模型作为奖品。

D. 操作完成，通过上传录屏视频，采用学习通上传顺序法进行学生互相审查（即 3 楼检查 2 楼，2 楼检查 1 楼，1 楼检查 3 楼。在学习通中随机找一位同学进行互检演示，演示结束后， | （3）同学们通过屏幕共享展示建模信息，听取专家点评。
（4）学生上传录屏视频，根据校对审查表，学生打分互评。 |

| 教学实施过程 | 同学们根据在学习通课程平台上传的校对审查表互相评分并将表格进行上传。互查后，教师选择优秀的作品投屏，请学生共享屏幕分享绘制的方法和心得体会。 | （5）通过观看其他同学的作业，反思自己作业的不足之处，进而补充优化。 |

内容	校对		审核	
	符合	不符	符合	不符
建模要求				
1.楼梯建模是否符合《建筑制图标准》				
2.楼梯建模布置是否合理				
3.标高、轴网是否正确				
4.参考平面尺寸是否正确				
平面图				
1.开间、进深的轴线及轴线编号是否齐全、准确				
2.楼梯梯数是否正确				
3.梯段宽是否正确				
4.踏步高、宽是否正确				
梯井宽度是否正确				
细部构造				
1.栏杆扶手高度是否正确				
2.栏杆间距是否合理				

E.教师发布讲解操作方法的微课视频二维码。学生将建模信息中有问题的部分进行修改，可以随时扫码回看操作视频。

F.对于不能用微课视频解决的操作问题，学生可以直接进行语音对话，教师通过共享屏幕进行操作演示。

②栏杆（栏板）和扶手细部创建。打开共享屏幕，教师与学生共同操作，共同使用录屏软件进行记录，方便后期进行检查。

A.操作演示如下：

a.点击栏杆—编辑路径。

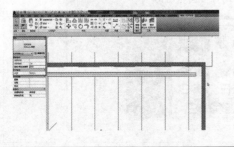

（6）学生扫二维码自主学习，使用 Revit 软件对楼梯进行操作修改，完成教师布置的任务。

（7）对于微课视频中不能解决的问题，直接通过网络电话向教师提问。

（8）学生使用软件和教师共同操作，同时使用录屏软件进行录屏保存。

续表

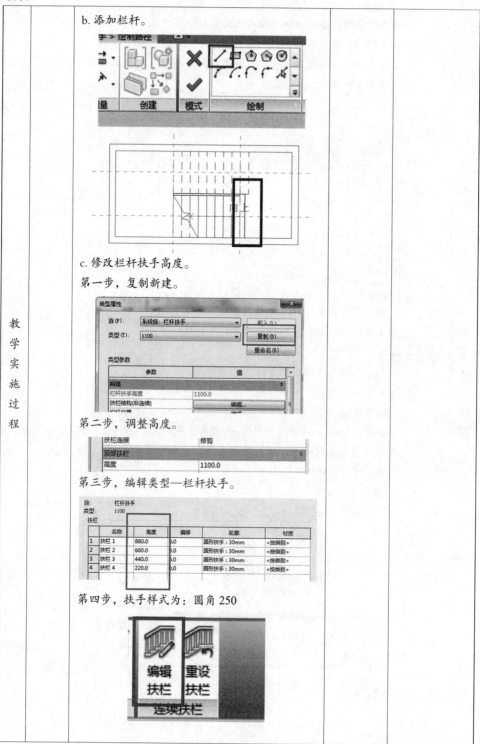

b. 添加栏杆。

c. 修改栏杆扶手高度。

第一步，复制新建。

第二步，调整高度。

第三步，编辑类型—栏杆扶手。

第四步，扶手样式为：圆角 250

教学实施过程

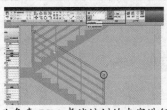

B. 与企业负责 BIM 考试培训的专家进行现场连线，对学生的建模信息根据 BIM 等级考试的得分点进行点评。

C. 操作完成，通过上传录屏视频，采用学习通上传顺序法进行学生互相审查（即 3 楼检查 2 楼，2 楼检查 1 楼，1 楼检查 3 楼）。在学习通中随机找一位同学进行互检演示，演示结束后，同学们根据在学习通课程平台上传的校对审查表互相评分并将表格进行上传。互查后，教师选择优秀的作品投屏，请学生共享屏幕分享绘制的方法和心得体会。

内容	校对		审核	
	符合	不符	符合	不符
建模要求				
1. 楼梯建模是否符合《建筑制图标准》				
2. 楼梯建模布置是否合理				
3. 标高、轴网是否正确				
4. 参考平面尺寸是否正确				
平面图				
1. 开间、进深的轴线及轴线编号是否齐全、准确				
2. 楼梯梯数是否正确				
3. 梯段宽是否正确				
4. 踏步高、宽是否正确				
梯井宽度是否正确				
细部构造				
1. 栏杆扶手高度是否正确				
2. 栏杆间距是否合理				

D. 教师发布讲解操作方法的微课视频二维码。学生将建模信息中有问题的部分进行修改，可以随时扫码回看操作视频。

E. 对于不能用微课视频解决的操作问题，学生可以直接进行语音对话，教师通过共享屏幕进行操作演示。

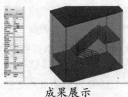

成果展示

（左栏标题）教学实施过程

（9）同学通过屏幕共享展示建模信息，听取专家点评。

（10）学生上传录屏视频，根据校对审查表，学生打分互评。

（11）通过观看其他同学的作业，反思自己作业的不足之处，进而补充优化。

（12）学生扫二维码自主学习，使用 Revit 软件对楼梯进行操作修改，完成教师布置的任务。

（13）对于微课视频中不能解决的问题，直接通过网络电话向教师提问。

续表

教学实施过程	总结提升（30'）	（1）选出 3~5 名学生展示自己的建模成果，分享自己的绘制方法和心得体会。 （2）教师对课上学生任务的完成情况进行点评和总结。 （3）布置课后作业。	（1）学生分享自己的绘制方法和心得体会。 （2）聆听教师对楼梯作品的评价总结和建议。	通过分享经验和教师评价进行自我总结与提升。
	劳动实践（5'）	最后，让学生带走个人垃圾，将本次课的教学场所清扫干净。	清扫实训室地面、黑板，带走个人垃圾，恢复教室原状。	让学生清扫实训室，培养学生良好的职业习惯和职业素养。
		课后		
	教学环节	教学活动		设计思路
		教师活动	学生活动	
	任务拓展	（1）制作微课视频，讲解在 Revit 中用其他命令建立楼梯的方法。 （2）布置任务，要求学生学习微课视频，练习用其他方法进行楼梯的创建。创建完成上传至课程平台作业区。 （3）合作企业兼职教师参与学生作品评价。 （4）网上统计作业的成绩。 （5）对学生的在线提问进行答疑。	（1）观看微课视频，完成线上的任务。 （2）对于课上没有完成的建模任务，课下利用业余时间完成或者修改。 （3）对真题或课下任务中的疑问可与教师或者合作企业兼职教师在线提问。	通过网络在线答疑的功能和开通与合作企业连线的功能，兼职教师利用业余时间解决学生关于 BIM 等级考试真题的疑问，巩固所学的知识，提高学生考试通过率。
	考核评价	评价原则	课程采用形成性评价与总结性评价相结合的方式，且提高了形成性评价比例，注重对学生学习过程的控制与评价，使考核具备知识考核和能力考核的双重功效，其中形成性评价包括课堂提问或在线测试、在线讨论、单元在线测试、学习任务成果等。总结性评价以笔试的形式进行，考查学生课程学习的整体效果是否达到教学目标的要求，充分体现课程考核的全程化、多元化思想。		

续表

考核评价	评价主体	教师评价＋企业评价＋学生互评＋线上成绩						
		课前任务点	学生互评	教师评价	企业评价	到课率	在线讨论	抢答（选人）
考核评价	评价权重	课程平台计分	学生评分	教师评分	兼职教师评分	每缺勤一次扣2分	课程平台计分，每次加2分，满分10分	每次加5分，满分10分
		10%	20%	20%	30%			

<table>
<tr><td rowspan="4">教学实施过程</td><td rowspan="4">特色创新</td><td>

（1）重视案例演绎，创新教学手段。以 BIM 考试真题库为载体采用一体化的教学方法，利用 Revit 建模软件，将抽象的知识形象化，使学生置身于真实的建筑场景中，更容易激发学生学习的兴趣，进而主动去理解其中的构造原理，极大地提高了学生对楼梯构造的整体理解能力，增强了对楼梯构造的整体认识，实现了学生学习能力的可持续发展。结合学生认知规律，将新媒体技术、3D 打印技术融入房屋建筑构造的教学过程中，最终建模综合成绩最高的同学可以将自己设计的楼梯通过 3D 打印机打印出来，将模型送给学生，增加学生们的学习热情，提高课堂的教学效果，大大增强了学生学习的主动性，培养了学生的实践动手能力和创新思维。

（2）开展混合式教学，以学生为中心，推进考核改革。在线课程的设置是对传统线下课程的补充，弥补了课堂学时不足的问题。混合式教学增强了学生学习的自主性，提升了课程学习效果，提高了学生的专业知识水平。线上与线下课程教学紧密联系，各自发挥优势，实现优质资源共享互补。授课教师将二者共同纳入课程成绩评价体系，对在线课程中学生的表现与学习效果进行考核，考核结果纳入课程期末综合评价体系，与线下课堂表现、课后作业和期末考核一起综合加权给定课程的学习成绩。

（3）思政融合，培养复合型人才。教学内容不仅包括专业技术内容，还要体现职业道德教育、从业精神教育等思政教育内容。它们的衔接不是直接插入内容，而是以专业内容为主，通过案例等形式渗透思政教育内容。以具体的工程案例告诫学生，一定要牢固掌握专业知识，夯实基础，并在从业过程中时刻保持安全警惕性，增强学生的社会责任感。

（4）以就业为导向，以职业岗位能力为主线，增强学生的职业能力。在教学中不仅介绍教材中的内容，同时介绍规范的要求。与企业人员进行视频连线，点评学生的建模信息，可以让学生更加了解工作环境，做任务时目标更加明确，同时也能更好地与工作接轨，进而助推学生从"就业导向"迈向"产业需求导向"。

</td></tr>
</table>

续表

教学实施过程	教学效果及反思	（1）线上与线下课程教学紧密联系，各自发挥优势，实现优质资源的共享互补。 （2）三维的建模清晰明了，可立体地观察建模的各个部位，不仅方便了修改错误，还可以清楚地展现出来，让人可以直观地了解。 （3）在整个教学过程中围绕学生主体，课堂气氛活跃，学生在学习专业知识的同时，也培养了其学习能力、沟通交流能力及团队合作精神。 （4）BIM 技术代表未来建筑行业的发展趋势，学习掌握好 BIM，在校期间通过"1+X"考试，学生在职场上可以多一项新的技能，就职的道路也可以更宽广。 （5）建筑信息模型是一个宏观概念，里面涉及方方面面的东西。对于学生来说，他们的专业知识还比较缺乏，仍处在专业认识不够全面的阶段。

附件：

（1）课前学习任务单。

（2）课中学习任务单。

（3）课后学习任务单。

（4）Revit 楼梯建模学生实训手册

附件1

课前学习任务单1

目标任务1：学习微课视频"Revit 创建楼梯"。

目标任务2：根据前面的学习内容，填写课前关于楼梯尺度的任务单。

目标任务3：完成课前的问卷调查。

目标任务4：对不理解的问题可以查找资料、实际调研和网上交流探讨，可将收获上传平台分享。

在课前学习任务中，你最喜欢用哪种方式获取知识？（　　）（多选） A. 研读教材 B. 学习网络教学视频和微课 C. 在线作业和测试 D. 实际调研 E. 网上交流探讨 F. 其他	通过课前学习，你感觉本部分的难点问题是（　　）（多选） A. 楼梯的设计要求 B. 楼梯的构造组成 C. 楼梯的尺度要求 D. 其他	通过课前学习，你觉得最有收获的方面是（　　）（多选） A. 锻炼了自学能力 B. 提高了交流能力 C. 培养了实践调研能力 D. 加强了竞争意识 E. 改进了学习方法 F. 其他

课前学习任务单 2

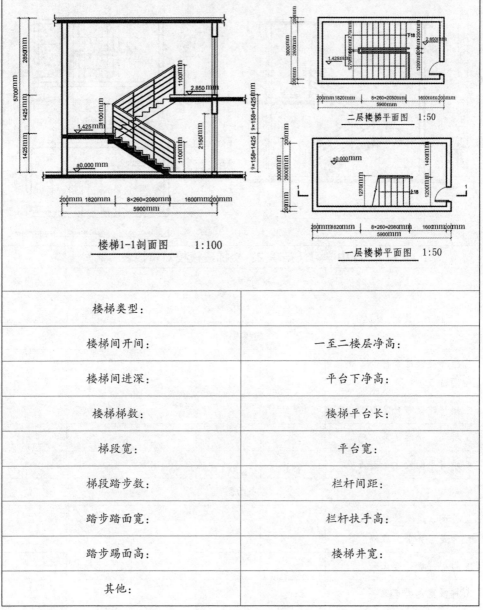

楼梯 1-1 剖面图　　1:100

二层楼梯平面图　1:50

一层楼梯平面图　1:50

楼梯类型：	
楼梯间开间：	一至二楼层净高：
楼梯间进深：	平台下净高：
楼梯梯数：	楼梯平台长：
梯段宽：	平台宽：
梯段踏步数：	栏杆间距：
踏步踏面宽：	栏杆扶手高：
踏步踢面高：	楼梯井宽：
其他：	

附件 2

课中学习任务单 1

目标任务 1：完成主题讨论。

目标任务 2：根据图纸使用草图命令创建楼梯。

目标任务 3：同学互评作品，填写"楼梯建模校对审核表"为作品打分。

续表

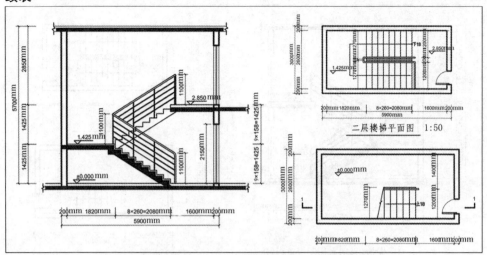

二层楼梯平面图 1:50

课中学习任务单2：楼梯建模校对审核表

内容	校对		审核		主要问题
	符合	不符	符合	不符	
建模要求					
1.楼梯建模是否符合《建筑制图标准》					
2.楼梯建模布置是否合理					
3.标高、轴网是否正确					
4.参考平面尺寸是否正确					
平面图					
1.开间、进深的轴线及轴线编号是否齐全、准确					
2.楼梯梯数是否正确					
3.梯段宽是否正确					
4.踏步高、宽是否正确					
5.梯井宽度是否正确					
细部构造					
1.栏杆扶手高度是否正确					
2.栏杆间距是否合理					

附件3

课后学习任务单

目标任务1：在课上没有完成建模任务的同学，课下可在实训室继续完成建模任务。将修改、优化后的建模信息上传至学习通平台。

目标任务2：学习微课视频，练习用其他方法创建楼梯。

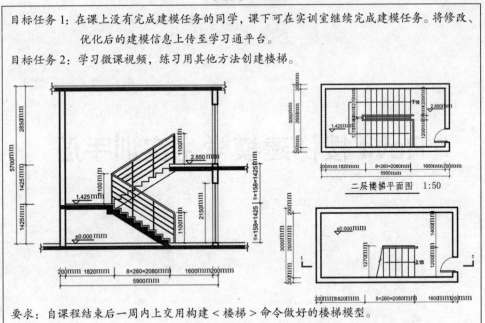

要求：自课程结束后一周内上交用构建＜楼梯＞命令做好的楼梯模型。

附件 4

Revit 楼梯建模学生实训手册

专业：＿＿＿＿＿＿

班级：＿＿＿＿＿＿

姓名：＿＿＿＿＿＿

学号：＿＿＿＿＿＿

一、实训内容

按照给出的楼梯平、剖面图创建楼梯模型，并参照题中平面图在所示位置建立楼梯剖面模型，栏杆高度为1100mm，栏杆样式不限。结果以"楼梯"为文件名保存在考生文件夹中。其他建模所需尺寸可参考给定的平、剖面图自定。

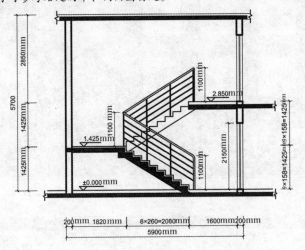

楼梯1-1剖面图　　1:100

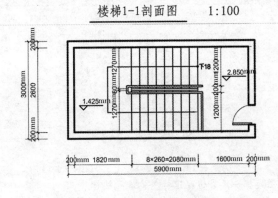

二层楼梯平面图　1:50

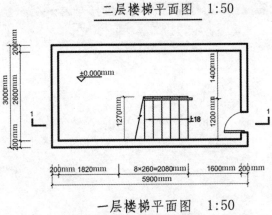

一层楼梯平面图　1:50

续表

二、操作步骤：打开界面
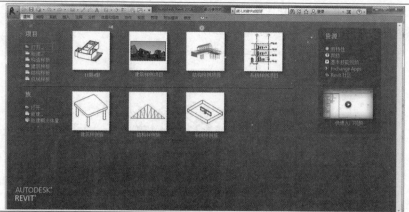
（一）创建楼梯
1.做参照平面
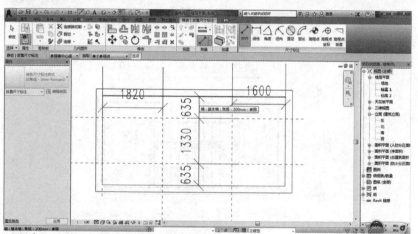
2.楼梯命令—草图楼梯—没有边梁选择整体浇筑楼梯
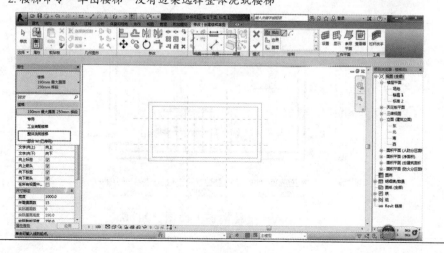

续表

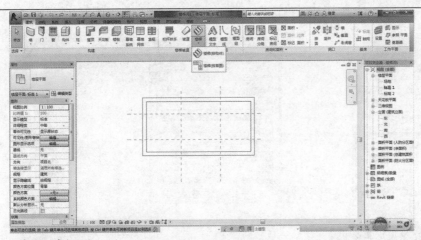

3. 修改尺寸标注

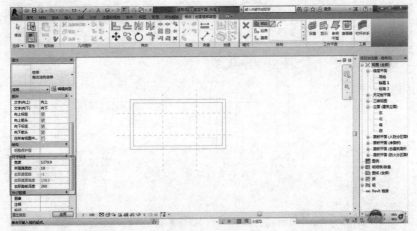

注：提示错误。

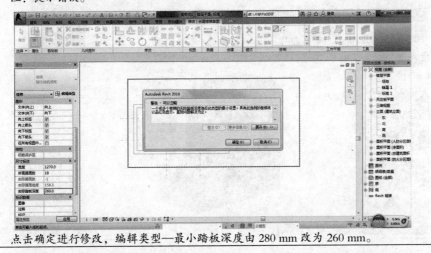

点击确定进行修改，编辑类型——最小踏板深度由 280 mm 改为 260 mm。

续表

4. 绘制楼梯并确定

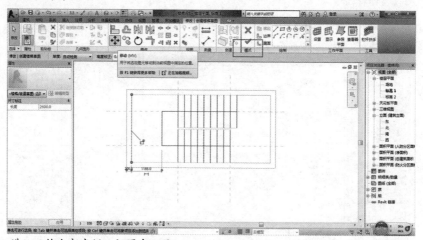

5. 进入三维全部实例——视图中可见

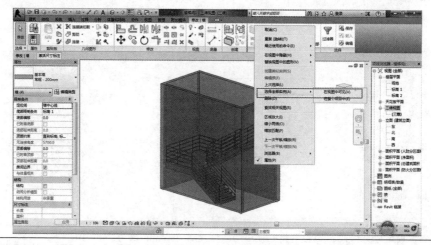

续表

6. 删除靠墙栏杆

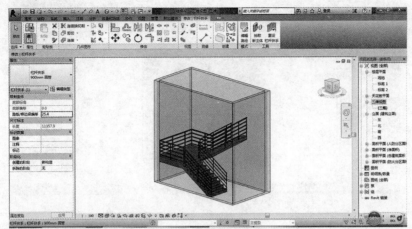

7. 在标高 2 添加楼板

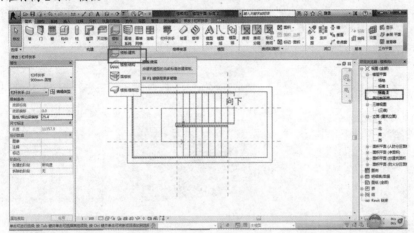

8. 绘制楼板—边界线—线命令

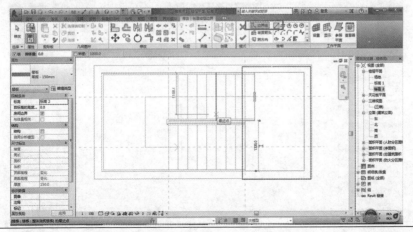

续表

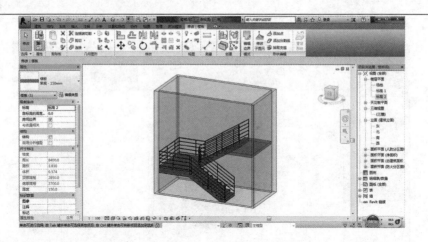

（二）栏杆扶手及细部修改

1.点击栏杆—编辑路径

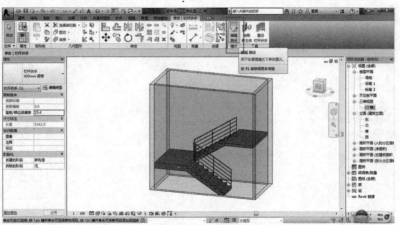

2.添加栏杆

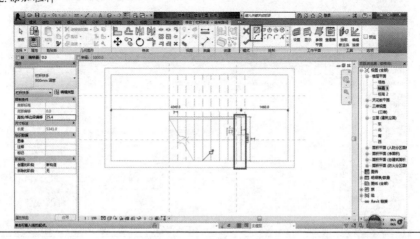

续表

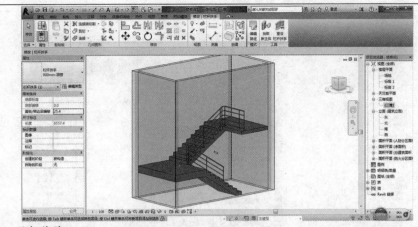

3. 踏板偏移

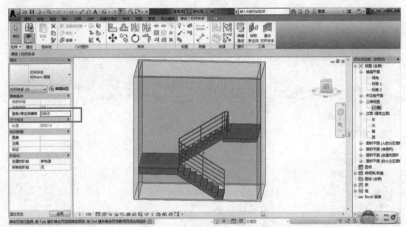

4. 修改栏杆扶手高度

（1）复制新建。

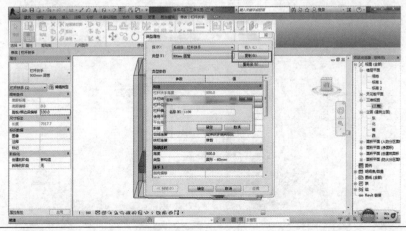

续表

（2）调整高度。
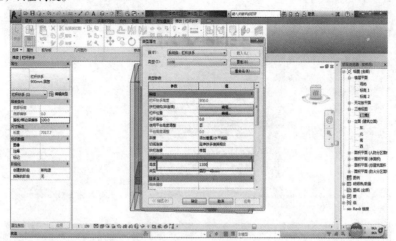
（3）编辑类型—扶手栏杆。
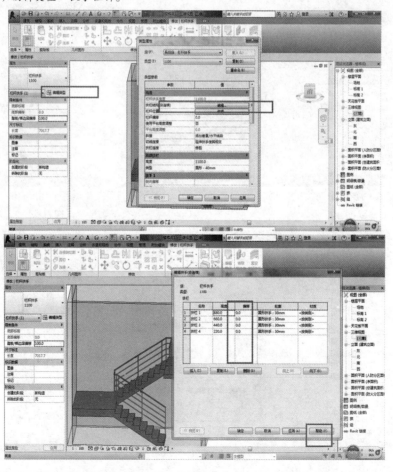

（4）修改扶手样式—编辑类型—栏杆位置。

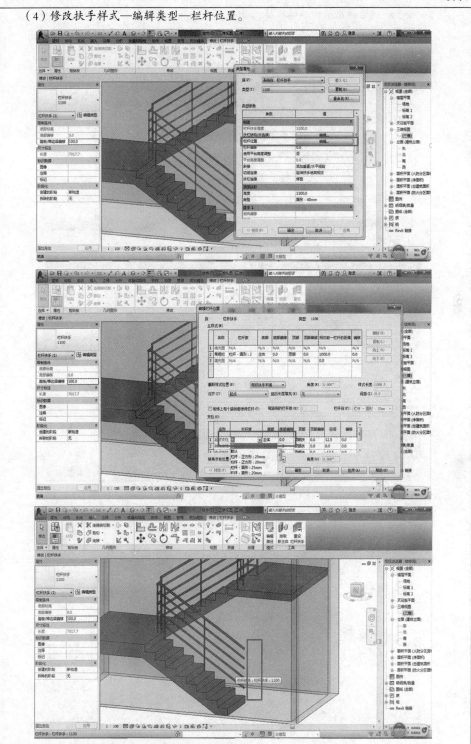

续表

（5）按 Tab 键选择栏杆—编辑路径。

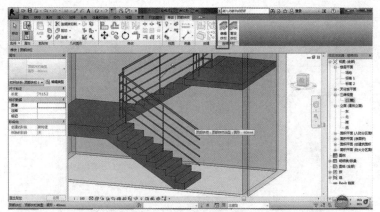

（6）引下栏杆—线命令。

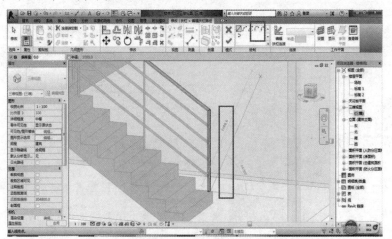

（7）扶栏选项—圆角—半径 250mm。

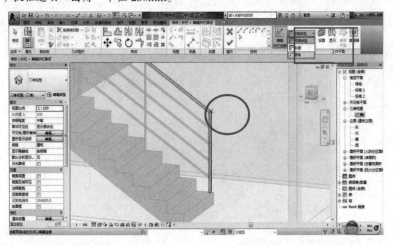

续表

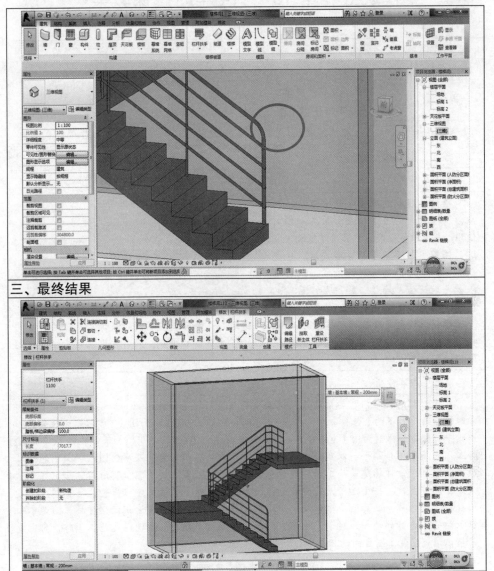

三、最终结果

模块五 第 13 ～ 14 学时授课教案

一、教学信息

教学题目	识读平行双跑楼梯平面图		
授课班级	建筑工程技术专业 一年级第二学期学生	授课学时	2 学时
上课地点	智慧教室	授课形式	线上＋线下混合式教学

二、教学基本情况

（一）教学背景

楼梯是建筑物中重要的垂直交通联系，供人们平时上下楼层和紧急疏散时使用。本次教学项目是"房屋建筑构造"这门课程中承上启下的学习内容，也是本课程的重难点所在。前续学习项目有基础与地下室、墙体、楼地层，后续的学习项目有屋顶、门窗、变形缝。

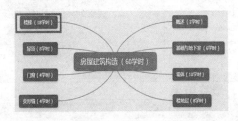

能够识读平行双跑楼梯建筑施工图，对建筑行业的各类应用岗位来说都是必须具备的操作技能和职业要求。学习这部分内容有利于学生日后的求职，同时也可以为后续其他的课程内容打好基础。

（二）教学内容分析

本次课程的教学内容为模块五：识读平行双跑楼梯建筑施工图。本模块教学内容共 4 学时，分为上、下两个任务教学。任务一：识读平行双跑楼梯平面图（2 学时）；任务二：识读平行双跑楼梯剖面图（2 学时）。教学任务主要以 BIM 三维识图和实训楼楼梯间 CAD 施工图纸为载体介绍平行双跑楼梯的施工图图示方法、识读方法及平面图、剖面图的形成原理。通过识读楼梯建筑施工图，使学生能够读懂图纸表达的内容，明白所学知识在未来实践中的重要性。将生活场景与专业知识结合起来，激发学生的学习兴趣，培养学生识读楼梯施工图严谨、认真的态度以及小组团队合作的能力。能够快速识读楼梯施工图是本项目教学的主要目的之一，对于学生而言，无论今后从事设计、监理还是施工工作，都需要掌握识读楼梯施工图方面的相关知识。

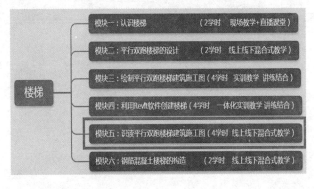

（三）学情分析

本课程主要面向建筑工程技术专业的学生，在大一第二学期开设。经分析学生已具备以下特征。

知识基础：前面学生已经学习了楼梯的分类、构造、尺度、设计方法以及用 Revit 软件绘制楼梯等内容。绝大多数学生对前面所学知识掌握较好，结合第一个学期"建筑制图"课程的学习，学生已经具备学习"平行双跑楼梯建筑施工图的识读"这部分内容的能力。

学习特点：大一学生对建筑概念比较模糊，空间想象力相对不足，但他们愿意接触新事物，对三维立体和动画印象深刻，表现出极浓厚的兴趣。大部分学生上课能够认真听讲，并能跟随教师的思路，但有时需要注意调动其注意力。根据学生的学习特点，教师要借助 BIM 技术 Revit 3D 模型、微课视频以及 Revit 软件等多种信息化手段引起学生的学习兴趣，以便于其记忆，并要充分利用他们的兴趣点辅助教学。

（四）参考教材

1. 纸质教材

自编教材《房屋建筑构造》，由北京理工大学出版社于 2018 年 2 月出版。孙玉红主编的《房屋建筑构造》，由机械工业出版社出版，是"十二五"职业教育国家规划教材。

2. 在线教材

结合"互联网＋"时代线上、线下混合式教学和新型冠状病毒肺炎疫情的双重需要，将自编教材《房屋建筑构造》制成数字资源，上传至超星图书平台，学生通过移动终端可随时随地免费阅读教材全部内容，配合课程平台的学习资源实现无纸化。

3. 参考教材

《民用建筑设计统一标准》GB50352-2019

《建筑设计防火规范》GB50016-2014（2018 年版）

《"1+X"建筑信息模型（BIM）职业技能等级标准》

《"1+X"建筑信息模型（BIM）职业技能等级证书学生手册（初级）》廊坊市中科建筑产业化创新研究院

《建筑制图标准》GB50001-2010

《房屋建筑制图统一标准》GB/T50001-2017

（五）教学资源

1. 教学资源

教学资源包括视频资源（Revit 动画、案例视频、微课视频等）、精品课程网络教学平台、图片资源、3D 打印建筑模型、施工图纸及文本资源（自编教材、电子教材、课件、教案、学习工作页、教师工作页等）。

2. 校内资源

课前学生利用校园网络、机房、手机、平板电脑、个人笔记本等信息设备查阅相关资料，登录课程平台进行自主学习。课堂上则使用学校的智慧教室、理实一体化教室、校园内已有建筑物、多媒体设备等校内资源，师生共同完成本次课的学习。

3. 校外资源

河北能源职业技术学院校企合作办学资源优势明显，合作企业不仅可提供教学实训场地，企业专家还可录制课程知识点讲解视频供学生学习，同时邀请企业专家参与学生考核等环节。

三、教学策略

本模块课程设计针对建筑工程领域新发展、新要求，基于 OBE（教育是一种能力培养、能力训练）教学理念，构建"一坚二融三环三实"课程教学新模式。"一坚"指坚持一个中心，即以学生为中心；"二融"指融通线上、线下两个空间，推进课程的混合式学习；"三环"指在学习过程中要经历课前自学、课中内化、课后巩固扩展三个环节；"三实"指通过课程改革，力求实现以教为主到以学为主的转变、以理论为主到理论实践一体化的转变、以终结性评价为主到以形成性评价为主的转变。

本模块教学以任务引领为主线，在课程设计中引入 OBE 教学理念，针对行业岗位需求，将课程"学习产出"与知识点关联，将知识点任务化，按照职业能力—工作任务—学习任务—学习项目—知识点的反向设计模式，对知识点重新进行梳理。充分融入各种信息化教学手段，如课前准备阶段，学生查看课程平台中与楼梯识图相关的模拟动画及微课视频；课中实施阶段依托学校教学楼楼梯间施工图纸结合规范、图集，借助 PPT、CAD 和目前正逐步推广使用的 BIM 技术 Revit 3D 模型，进行楼梯建筑施工图识图的讲解，在便于学生对知识点的理解和掌握的同时，可以充分调动其学习积极性；课后提升阶段，主要是安排学生独立识读其他具有代表性的楼梯间建筑施工图纸并填写 Word 电子版的课程实践报告。整个教学过程从学生身边熟悉的工程案例展开，以信息化为平台，将"教、学、做"融为一体，师生、生生互动，因材施教，因课施教。整堂课以任务贯穿始终，真正以培养学生实际能力为目的。

基于超星学习通和智慧职教 MOOC 课程平台构建"5+5"互动的教学模式形成智慧的学习空间。即教师的备课、授课、布置作业、批改作业、改进教学，学生预习、上课、完成作业、查看反馈、改进学习等十个环节相互影响、师生互动。

将教师的教学活动和学生的学习活动分为三个阶段，师生双方的活动相互呼应。

续表

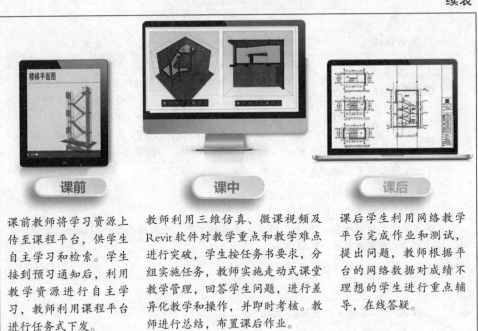

课前教师将学习资源上传至课程平台，供学生自主学习和检索。学生接到预习通知后，利用教学资源进行自主学习，教师利用课程平台进行任务式下发。

教师利用三维仿真、微课视频及Revit软件对教学重点和教学难点进行突破，学生按任务书要求，分组实施任务，教师实施走动式课堂教学管理，回答学生问题，进行差异化教学和操作，并即时考核。教师进行总结，布置课后作业。

课后学生利用网络教学平台完成作业和测试，提出问题，教师根据平台的网络数据对成绩不理想的学生进行重点辅导，在线答疑。

教学设计流程图：

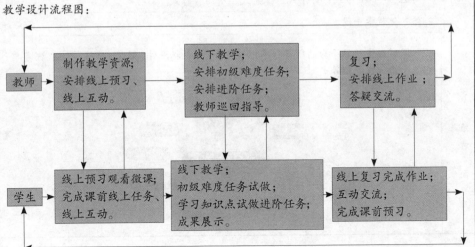

续表

教学实施过程	（一）教学目标		
	能力目标	知识目标	素质目标
	(1)能够快速识读楼梯平面图。 （2）能够区分各层楼梯平面图。	（1）掌握楼梯的组成及其平面图的形成原理；熟练识读踏步尺寸。 （2）熟练识读楼梯梯段水平尺寸标注。 （3）熟练通过楼梯尺寸标注判别踏步级数。	（1）培养学生分析问题和解决问题的能力，提升职业技能。 （2）培养学生团队协作、沟通交流的能力。 （3）培养学生严谨、细致、精益求精的工匠精神。
	（二）教学重点、难点及解决方法		
	重点：楼梯平面图的识读方法。 难点：各层楼梯平面图的异同。 解决方法：利用视频、BIM 三维仿真等多种信息化手段把抽象的理论知识变得直观形象，从而突破重点、化解难点。		
	（三）教法分析及信息化教学手段		
	1.教学方法		
	教法	演示法、任务驱动法、案例法、问题导向法	
	学法	参与式、讨论式、探究式、小组合作式	
	2.信息化教学手段		
	课程在线学习平台的所有信息化教学资源，包括课件、微课、动画、习题、任务单、测验、考试及直播等。 		

续表

课前			
教学环节	教学活动		设计思路
	教师活动	学生活动	
教学实施过程	（1）在网络课程平台发布通知，公布本次课程的教学项目及任务，发布微课视频二维码。 楼梯平面 （2）通知学生阅读课程平台资料区"楼梯施工图常用符号及图例"和反面案例"看错图纸导致错误施工"。 （3）在课程平台的讨论区发布讨论问题。 问题①：识读工程图纸的顺序是什么？ 问题②：一般情况下，楼梯平面图应绘制几个图？ 问题③：下面图片中的三个图分别对应的是哪种平面图？ （4）线上解答学生在预习中遇到的问题。 （5）监测学生的学习动态和学习数据，根据模块一的课后小测验反馈的数据及时调整教学侧重点。 	（1）登录课程平台预习课程内容，扫二维码观看微课视频及本课程的教学资源，初步了解本次课程的知识点，完成课前预习。 （2）阅读课程资料区的案例。 （3）参与讨论，在课程讨论区留言。 （4）对课前预习不太明白的地方，在线提问。	（1）学生观看微课，为课程新知识的学习做好知识储备。 （2）通过信息化的网络平台，学生体会移动学习的便利与快乐，从而激发学生的学习兴趣。 （3）学生完成课程平台发布的讨论问题，丰富平台的资源库和数据。 （4）通过信息化的网络平台，了解学生原有的知识基础和预习效果。教师根据学生课前学习数据反馈，及时调整教学策略。
	发布任务		

续表

教学环节	课中			设计思路
	教学环节	教学活动		
		教师活动	学生活动	
教学实施过程	创设情境,引入新课(10')	(1)总结学生的预习成果,对学生提交的讨论进行点评。 (2)引入课前阅读的资料"看错图纸导致错误施工"的案例,找学生发表看法。 	(1)聆听教师的总结、点评,在讨论区为优秀的讨论回复点赞。反思自己课前预习的不足之处。 (2)结合自身感受,发表对错误识图导致工程事故的看法。	以看错楼梯图纸导致施工错误的案例使学生明白读图的重要性。告诫学生一定要牢固掌握专业知识,夯实基础,并在从业过程中时刻保持安全警惕性,增强学生的社会责任感(课程思政元素的融入)。
教学实施过程	三维仿真演示、基础知识学习(55')	本教学环节分为三部分: 楼梯建筑施工图的主要作用是:表明楼梯的形式、结果类型和平面、剖面尺寸以及详细做法。平面图的形成: (1)结合BIM进行三维仿真演示,展示楼梯平面图的形成原理。借助剖切、旋转和放大等功能,展示楼梯平面具体的形成过程。楼梯平面图是用假想的水平剖切面沿中间平台以下的某一位置剖开,移去假想剖切平面以上的部分,把剩下的部分从上往下做正投影而得到的图。 (2)发布BIM模型二维码,让学生自己动手剖切楼梯模型,体验楼梯平面图的形成过程。	(1)观看三维仿真演示,在课前预习的基础上,进一步加深对楼梯平面图形成原理的理解。	(1)充分利用学生对软件三维仿真功能的兴趣点实施教学,学生发现问题、探索问题。

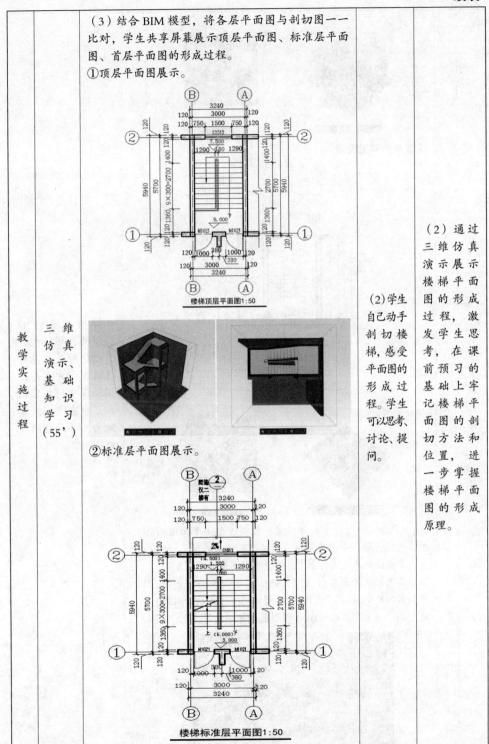

（3）结合BIM模型，将各层平面图与剖切图一一比对，学生共享屏幕展示顶层平面图、标准层平面图、首层平面图的形成过程。

①顶层平面图展示。

楼梯顶层平面图1:50

②标准层平面图展示。

楼梯标准层平面图1:50

教学实施过程

三仿演基知学（55'）维真示、础识习

（2）学生自己动手剖切楼梯，感受平面图的形成过程。学生可以思考、讨论、提问。

三维演示楼梯平面图的形成过程发前基记面切位楼图的形成

（2）通过仿真展示楼梯平面图的形成过程，激发学生在预习楼梯平面图方法位置一步掌握楼梯平面图的形成原理。

过真示面形激课牢剖和面成思习上梯的法进握平的成理。

133

续表

教学实施过程		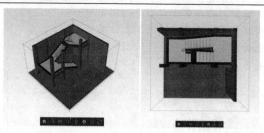 ③首层平面图展示。 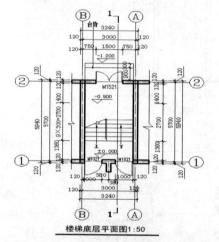 楼梯底层平面图1:50 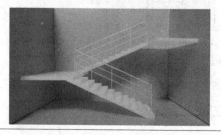	（3）学生观察3D打印的楼梯模型，通过这种最直观有效的教学方式充分调动学生的感官认知，丰富空间想象能力，将复杂的问题清晰化。

（4）结合3D打印平行双跑楼梯模型，介绍平面图的图示内容：楼梯平面图反映了楼梯的开间与进深、楼梯上与下的级数及代表的含义。结合平面图图纸可以发现，其图示内容包括图名、比例、定位轴线及编号、开间进深、平面图的尺寸、标高及室内踏步、楼梯的上下方向和级数，对于每一部可以结合BIM模型进行详细学习。

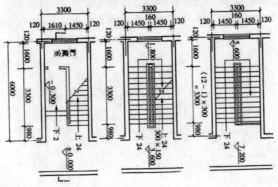

（3）观察楼梯模型，再与图纸一一比对理解。学生可以思考、讨论、提问。

（5）给学生分发模型，让学生观察模型对比平面图纸，分组讨论。

问题①：图纸中标注的各部分尺寸、标高各对应模型的哪里？

问题②：图纸中的三个平面有何异同？

（6）鼓励学生分享学习和讨论的心得体会。也可以通过选人的功能，随机选择学生进行分享。

（7）通过学生的分享，引出第二个主题：楼梯各层平面图有何异同。

①地下一层（底层）：
楼梯结构平面图。

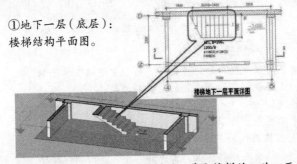

（4）边读图边听老师讲解。

从上图可以看出，地下一层楼梯图只截取楼梯的一跑，而且是半截，说明水平剖切的时候，剖切线应该在当前层中线以下。只有从中线以下剖切，平面图才能显示楼梯半跑。

续表

②首层（中间层）：
楼梯结构平面图。

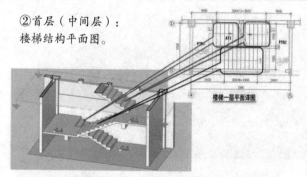

从上图可以看出，首层楼梯实际上看到的是首层向上一跑半截，其余看到的是地下一层的一跑和另一跑的半截。

③二层（中间层）：
楼梯结构平面图。

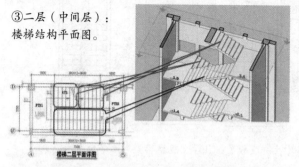

从上图可以看出，二层楼梯实际上看到的是二层向上一跑半截，其余看到的是首层的一跑和另一跑的半截。

④五层（中间层）：
楼梯结构平面图。

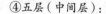

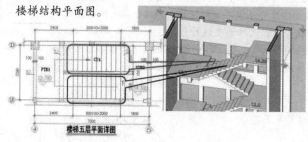

在顶层其实是没有楼梯的，根据从当前层中线以下水平剖切原理，五层楼梯实际上看到的是四层的两跑全部，所以没有剪断线。

在楼梯平面图中，为了表示各个楼层楼梯的上下方向，可在梯段上用指示线和箭头表示，并以各自楼层的楼（地）面为准，在指示线端部标注"上"和"下"。因顶部楼梯平面中没有向上的梯段，故只有"下"。

（8）给你一张图纸，一定要认真、仔细看，因为图纸出错一点，直接影响施工。识图口诀如下：

续表

| | | ①从上往下看，从左往右看。
②由外向里看，由大向小看，由粗向细看。
③图样说明对照看，建施结施结合看，设备图纸参照看。
④先看全局性基本图，后看局部性详图。
（9）以学校实训楼楼梯平面图 CAD 图纸为例，师生共同识读楼梯平面图。
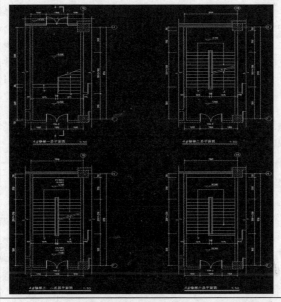 | （5）反复熟识图诀。
（6）根据前学识法和实训记忆，识读楼梯间图纸。 | （4）用校内实训楼梯的图纸识读内容，将场景与专业知识结合起来，激发学生的学习兴趣，强化学生的理解。 |
| 自主探索、重难点突破（25'） | | （1）通过课程平台给设计组、监理组、施工组、造价组这4个小组分发电子版楼梯平面图纸和任务单，让学生按照前面所学的识读方法进行图纸识读。识读楼梯首层平面图、标准层平面图、顶层平面图（图1），将看图数据填入任务单中（图2）。
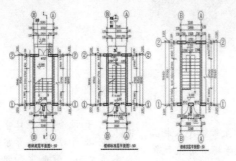
图1 | （1）学生按所学方法进行识图练习。
（2）识读过程中，识读小组之以交流学习，遇问题以老师进行解答。 | （1）趁热打铁，让学生应用新知识同验的情况时检学生掌况。 |

续表

自主探索、重难点突破(25')	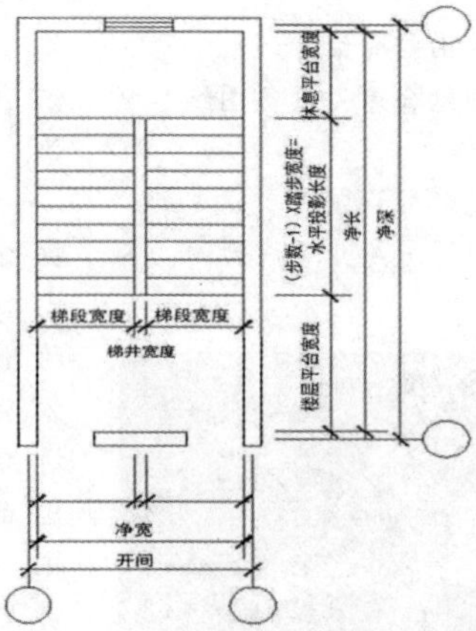 图2 （2）教师指导学生练习，对学生提出的问题进行现场解答。	（3）将识图结果填入课上任务单并上交。	（2）采用分组教学法，不仅能活跃课堂的学习气氛，还能强化学生在学习上的竞争意识、团队精神以及沟通交流的能力，从而进一步提高教学效果。 （3）小组命名与未来可能从事的工作关联，让学生心中有数，提高学习针对性。 （4）通过识读楼梯平面图的过程培养学生严谨、细致、精益求精的工匠精神（课程思政元素的融入）。
质量评价、课程总结(5')	（1）根据学生识图的结果，统计成绩。对答题速度快、准确率高的学生进行表扬，给予课堂加分的奖励。 （2）评价各组同学表现，对学生在楼梯平面图识读过程中的共性问题和个性问题进行点评和总结。  	（1）小组之间进行打分互评。 （2）听取教师的总结评价，取长补短。	（1）根据课程平台的数据统计功能，找出学生课上完成好的和不理想的部分，为以后的课程教学提供依据。 （2）学生根据平台的统计结果可以迅速找出自己学习的不足之处，同时可以横向比较与其他同学的差距，取长补短。
劳动实践(5')	最后，让学生带走个人物品，将本次课的教学场所清理干净。	清理智慧教室，检查各种电子设备和电源开关是否关闭，带走个人物品，恢复教室原状。	让学生清扫实训室，培养学生良好的职业习惯和职业素养。

续表

教学环节	课后		
	教学活动		设计思路
	教师活动	学生活动	
课后巩固	 （1）用课上学习的知识和方法识读其他工程楼梯间的图纸，要求写 Word 版识图总结。 （2）要求学生完成课程平台上本次课的所有任务点和测试。 （3）网上评阅学生作业，统计成绩。 （4）对学生的在线提问进行答疑。 （5）找出完成课程任务和作业不理想的学生，重点辅导和答疑。	（1）完成识图作业，上传识图总结。 （2）完成平台上本次课的任务点和测试。 （3）对感兴趣的问题在线提问。	（1）课后拓展学习，帮助学生开展自主训练，巩固课堂所学知识。 （2）利用网络在线答疑的功能，随时随地解决学生的问题，巩固所学的知识点，提高学习效率。

考核评价	评价原则	课程采用形成性评价与总结性评价相结合的方式，且提高了形成性评价比例，注重对学生学习过程的控制与评价，使考核具备知识考核和能力考核的双重功效，其中形成性评价包括课堂提问或在线测试、在线讨论、单元在线测试、学习任务成果等。总结性评价以笔试的形式进行，考查学生课程学习的整体效果是否达到教学目标的要求，充分体现课程考核的全程化、多元化思想。						
	评价主体	教师评价＋学生评价＋线上成绩						
	评价权重	课前任务点	组间互评	教师评价	线上作业	到课率	在线讨论	抢答（选人）
		课程平台计分	学生评分	教师评分	教师评分＋平台计分	每缺勤一次扣2分	课程平台计分，每次加2分，满分10分	每次加5分，满分10分
		20%	30%	30%	20%			

特色创新	（1）基于"互联网+BIM"教学模式，培养企业和行业需求的高级技术技能型人才。建立基于"互联网+BIM"教学模式以及"建筑与教育"融合的信息技术手段，发挥线上和线下教学优势，遵循以学生为中心的现代教育理念，利用"互联网+BIM"技术融合，发挥教师在教学中的引领、指导及监督的作用，更好地调动学生的积极性、主动性和创造性，因而取得良好的教学效果，使得高职土建类学生变被动学习为主动学习，熟练掌握专业知识和专业技能，成为满足企业和行业需求的高级技术技能型人才。 （2）发挥传统教学优势，联合使用多媒体、绘图软件等教学工具。传统教学模式采用PPT、模型等形式随堂讲授，教师生动有趣地讲解可以感染学生，激发学生的兴趣，活跃课堂气氛。当然，传统教学也有弊病，如作图不精确、传递信息量有限等问题。将BIM技术应用到工程识图项目化教学中可以充分发挥BIM技术在三维可视化和虚拟建造方面的优势，弥补学生空间想象力差的问题。 （3）开展混合式教学，以学生为中心，推进考核改革。在线课程的设置是对传统线下课程的补充，弥补了课堂学时不足的问题。混合式教学增强了学生学习的自主性，提升了课程学习效果，提高了学生的专业知识水平。线上与线下课程教学紧密联系，发挥各自优势，实现优质资源共享互补。授课教师将二者共同纳入课程成绩评价体系，对在线课程中学生的表现与学习效果进行考核，考核结果纳入课程期末综合评价体系，与线下课堂表现、课后作业和期末考核一起综合加权给定课程的学习成绩。 （4）思政融合，培养复合型人才。教学内容不仅包括专业技术内容，还要体现职业道德教育、从业精神教育等思政教育内容。它们的衔接不是直接插入内容，而是以专业内容为主，通过案例等形式渗透思政教育内容。以具体的工程案例告诫学生，一定要牢固掌握专业知识，夯实基础，并在从业过程中时刻保持安全警惕性，增强学生的社会责任感。 （5）以就业为导向，以职业岗位能力为主线，增强学生的职业能力。在教学中不仅介绍教材中的内容，同时介绍规范的要求，强调规范在实际工作中的重要作用。在教学中要满足建筑行业岗位能力要求，传授给学生最新的、最能满足建筑企业需要的知识、能力和素养，进而助推学生从"就业导向"迈向"产业需求导向"，保证工程建设的质量和安全，真正为公民的切身利益着想，以建筑行业标准来规范自己的建设行为。
教学效果及反思	（1）充分利用BIM三维仿真、微课视频等对教学重点和教学难点环节进行突破，把抽象的理论知识变得直观形象，让学生在短时间内达到理想的学习效果。 （2）针对课程特点，采用演示法、任务驱动、问题导向、案例等教学方法，将原本枯燥难懂的教学重点、难点进行细分，通过最直观有效的教学方式充分调动学生的感官认知，丰富空间想象能力，将复杂的问题清晰化，使学生在观察思考中学习到新知识。 （3）采用分组教学法，促进学生互相帮助，共同提高。在采用"先教后学"或"先学后教"的教学过程中，配合采用分组教学法，更加有利于发挥学生在教学过程中的主体作用。分组教学法促进了学生之间的互相帮助，达到了共同提高的目的，是提高课堂教学有效性的一个很好的教学途径。 （4）在整个教学过程中围绕学生主体，课堂气氛活跃，学生在学习专业知识的同时，也培养了其学习能力、沟通交流能力及团队合作精神。 （5）加强课程案例视频资源、题库资源建设，不仅从"量"的角度，也从"类型"与"质"的角度充实教学资源，拓宽学生视野。 （6）基于不断变化的在线课程内容和专业规范标准，加强教材建设，及时更新配套教材。 （7）由于学生学习能力的差异，导致部分学生课堂参与度不够。学生是否主动参与是师生、生生之间有效沟通的前提，可在授课过程中采用分层教学的方式，激励更多学生积极地参与到课堂中来。

附件：

（1）课前学习任务单。

（2）课中学习任务单。

（3）课后学习任务单。

附件1

课前学习任务单

目标任务1：学习微课视频。

目标任务2：阅读课程平台资料区"楼梯施工图常用符号及图例"和反面案例"看错图纸导致错误施工"。

目标任务3：讨论问题①：识读工程图纸的顺序是什么？

讨论问题②：一般情况下，楼梯平面图应绘制几个图？

讨论问题③：下面图片中的三个图分别对应的是哪种平面图？

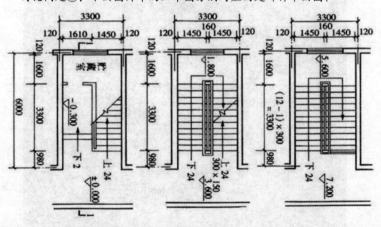

在课前学习任务中，你最喜欢用哪种方式获取知识？（ ）（多选）	通过课前学习，你感觉本部分的难点问题是（ ）（多选）	通过课前学习，你觉得最有收获的方面是（ ）（多选）
A. 研读教材	A. 楼梯平面图的形成原理	A. 锻炼了自学能力
B. 学习网络教学视频和微课	B. 各层平面图的区别	B. 提高了交流能力
C. 在线作业和测试	C. 识读尺寸标注	C. 培养了实践调研能力
D. 实际调研	D. 其他	D. 加强了竞争意识
E. 网上交流探讨		E. 改进了学习方法
F. 其他		F. 其他

附件2

课中学习任务单

目标任务1：明白楼梯平面图的形成原理。
目标任务2：自己动手剖切楼梯模型，记住各层剖切的位置。
目标任务3：结合3D打印模型识读楼梯平面图。
目标任务4：掌握各层楼梯平面图的异同。
目标任务5：熟记图纸识读口诀。
目标任务6：根据已学会的知识，识读学校实训楼楼梯间CAD图纸。

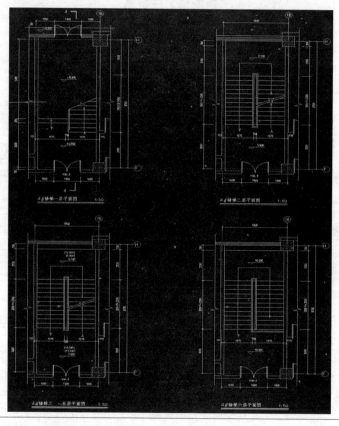

要求：
（1）掌握楼梯平面图的识读步骤。
（2）掌握楼梯在建筑平面图中的位置及有关轴线的布置。
（3）掌握楼梯的平面形式和踏步尺寸。
（4）记录楼梯间各楼层平台、休息平台的标高。
（5）记录中间层平面图中三个不同梯段的投影。
（6）牢记梯段间墙、柱、门、窗的平面位置、编号和尺寸。
（7）牢记楼梯剖面图在楼梯底层平面图中的剖切位置。

附件 3

课后学习任务单

目标任务：以某工程图纸为例，进一步巩固楼梯平面图识读的相关知识。

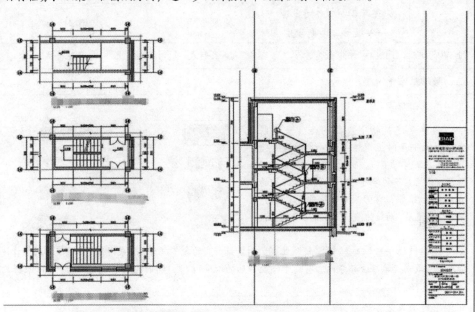

要求：

（1）掌握楼梯平面图的识读步骤。

（2）掌握楼梯在建筑平面图中的位置及有关轴线的布置。

（3）掌握楼梯的平面形式和踏步尺寸。

（4）记录楼梯间各楼层平台、休息平台的标高。

（5）记录中间层平面图中三个不同梯段的投影。

（6）牢记梯段间墙、柱、门、窗的平面位置、编号和尺寸。

（7）牢记楼梯剖面图在楼梯底层平面图中的剖切位置。

模块六　第 15～16 学时授课教案

一、教学信息

教学题目	识读平行双跑楼梯剖面图		
授课班级	建筑工程技术专业 一年级第二学期学生	授课学时	2 学时
上课地点	智慧教室	授课形式	线上 + 线下混合式教学

二、教学基本情况

（一）教学背景

楼梯是建筑物中重要的垂直交通联系，供人们平时上下楼层和紧急疏散时使用。本次教学项目是"房屋建筑构造"这门课程中承上启下的学习内容，也是本课程的重难点所在。前续学习项目有基础与地下室、墙体、楼地层，后续的学习项目有屋顶、门窗、变形缝。

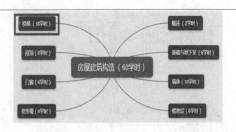

能够识读平行双跑楼梯建筑施工图，对建筑行业的各类应用岗位来说都是必须具备的操作技能和职业要求。学习这部分内容有利于学生日后的求职道路，同时也可以为后续其他的课程内容打好基础。

（二）教学内容分析

本次课程的教学内容为模块五：识读平行双跑楼梯建筑施工图。本模块教学内容共 4 学时，分为两个任务教学。任务一：识读平行双跑楼梯平面图（2 学时）；任务二：识读平行双跑楼梯剖面图（2 学时）。教学任务主要以 BIM 三维识图和实训楼楼梯间 CAD 施工图纸为载体介绍平行双跑楼梯的施工图图示方法、识读方法及平面图、剖面图的形成原理。通过识读楼梯建筑施工图，使学生能够读懂图纸表达的内容，明白所学知识在未来实践中的重要性。将生活场景与专业知识结合起来，激发学生的学习兴趣，培养学生识读楼梯施工图严谨、认真的态度以及小组团队合作的能力。能够快速识读楼梯施工图是本项目教学的主要目的之一，对于学生而言，无论今后从事设计、监理还是施工工作，都需要掌握识读楼梯施工图方面的相关知识。

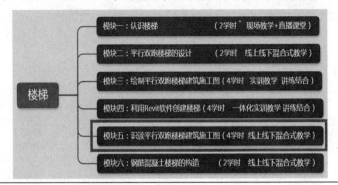

续表

（三）学情分析

本课程主要面向建筑工程技术专业的学生，在大一第二学期开设。经分析学生已具备以下特征。

知识基础：前面学生已经学习了楼梯的分类、构造、尺度、设计方法以及用 Revit 软件绘制楼梯等内容。绝大多数学生对前面所学知识掌握较好，结合第一个学期"建筑制图"课程的学习，学生已经具备学习"平行双跑楼梯建筑施工图的识读"这部分内容的能力。

学习特点：大一学生对建筑概念比较模糊，空间想象力相对不足，但他们愿意接触新事物，对三维立体和动画印象深刻，表现出极浓厚的兴趣。大部分学生上课能够认真听讲，并能跟随教师的思路，但有时需要注意吸引其注意力。根据学生的学习特点教师要借助 BIM 技术Revit 3D 模型、微课视频以及 Revit 软件等多种信息化手段引起学生兴趣，以便于其记忆，并要充分利用他们的兴趣点辅助教学。

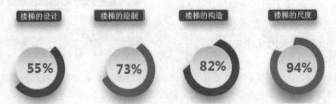

（四）参考教材

1. 纸质教材

自编教材《房屋建筑构造》，由北京理工大学出版社于 2018 年 2 月出版。

孙玉红主编的《房屋建筑构造》，由机械工业出版社出版，是"十二五"职业教育国家规划教材。

2. 在线教材

结合"互联网＋"时代线上、线下混合式教学和新型冠状病毒肺炎疫情的双重需要，将自编教材《房屋建筑构造》制成数字资源，上传至超星图书平台，学生通过移动终端可随时随地免费阅读教材全部内容，配合课程平台的学习资源实现教材无纸化。

3. 参考教材

《民用建筑设计统一标准》GB50352-2019

《建筑设计防火规范》GB50016-2014（2018 年版）

《"1+X"建筑信息模型（BIM）职业技能等级标准》

《"1+X"建筑信息模型（BIM）职业技能等级证书学生手册（初级）》廊坊市中科建筑产业化创新研究院

《建筑制图标准》GB50001-2010

《房屋建筑制图统一标准》GB/T50001-2017

续表

（五）教学资源

1. 教学资源

教学资源包括视频资源（Revit 动画、案例视频、微课视频等）、精品课程网络教学平台、图片资源、3D 打印建筑模型、施工图纸及文本资源（自编教材、电子教材、课件、教案、学习工作页、教师工作页等）。

2. 校内资源

课前学生利用校园网络、机房、手机、平板电脑、个人笔记本等信息设备查阅相关资料，登录课程平台进行自主学习。课堂上则使用学校的智慧教室、理实一体化教室、校园内已有建筑物、多媒体设备等校内资源，师生共同完成本次课的学习。

3. 校外资源

河北能源职业技术学院校企合作办学资源优势明显，合作企业不仅可提供教学实训场地，企业专家还可录制课程知识点讲解视频供学生学习，同时邀请企业专家参与学生考核等环节。

三、教学策略

本模块课程设计针对建筑工程领域新发展、新要求，基于 OBE（教育是一种能力培养、能力训练）教学理念，构建"一坚二融三环三实"课程教学新模式。"一坚"指坚持一个中心，即以学生为中心；"二融"指融通线上、线下两个空间，推进课程的混合式学习；"三环"指在学习过程中要经历课前自学、课中内化、课后巩固扩展三个环节；"三实"指通过课程改革，力求实现以教为主到以学为主的转变、以理论为主到理论实践一体化的转变；以终结性评价为主到以形成性评价为主的转变。

本模块教学以任务引领为主线，在课程设计中引入 OBE 教学理念，针对行业岗位需求，将课程"学习产出"与知识点关联，将知识点任务化，按照职业能力—工作任务—学习任务—学习项目—知识点的反向设计模式，对知识点重新进行梳理。充分融入各种信息化教学手段，如课前准备阶段，学生查看课程平台中与楼梯识图相关的模拟动画及微课视频；课中实施阶段依托学校教学楼楼梯间施工图纸结合规范、图集，借助 PPT、CAD 和目前正逐步推广使用的 BIM 技术 Revit 3D 模型，进行楼梯建筑施工图识图的讲解，在讲解案例的过程中，引入图纸审核和会审的环节，采用角色扮演的方式，共同审核图纸的问题，实现学习过程与工作过程的统一。在便于学生对知识点的理解和掌握的同时，可以充分调动其学习积极性；课后提升阶段，主要是安排学生独立识读其他具有代表性的楼梯间建筑施工图纸并填写 Word 电子版的课程实践报告。整个教学过程从学生身边熟悉的工程案例展开，以信息化为平台，将"教、学、做"融为一体，师生、生生互动，因材施教，因课施教。整堂课以任务贯穿始终，真正以培养学生实际能力为目的的。

基于超星学习通和智慧职教 MOOC 课程平台构建"5+5"互动的教学模式形成智慧的学习空间。即教师的备课、授课、布置作业、批改作业、改进教学，学生预习、上课、完成作业、查看反馈、改进学习等十个环节相互影响、师生互动。

将教师的教学活动和学生的学习活动分为三个阶段，师生双方的活动相互呼应。

续表

课前教师将学习资源上传至课程平台，供学生自主学习和检索。学生接到预习通知后，利用教学资源进行自主学习，教师利用课程平台进行任务式下发。

教师利用三维仿真、微课视频及Revit软件对教学重点和教学难点进行突破，学生按任务书要求，分组实施任务，教师实施走动式课堂教学管理，回答学生问题，进行差异化教学和操作，并即时考核。教师进行总结，布置课后作业。

课后学生利用网络教学平台完成作业和测试，提出问题，教师根据平台的网络数据对成绩不理想的学生进行重点辅导，在线答疑。

教学设计流程图：

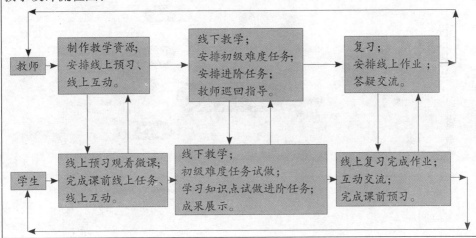

续表

<table>
<tr><td rowspan="16">教学实施过程</td><td colspan="2">（一）教学目标</td></tr>
<tr><td>教法</td><td>任务驱动教学法、案例教学法、问题导向教学法、参与式教学法</td></tr>
<tr><td>学法</td><td>参与式、讨论式、探究式</td></tr>
<tr><td colspan="2">（二）教学重点、难点及解决方法</td></tr>
<tr><td colspan="2">重点：楼梯剖面图的识读。
难点：楼梯剖面图的形成原理。
解决方法：利用视频、BIM 三维仿真等多种信息化手段把抽象的理论知识变得直观形象，从而突破重点、化解难点。</td></tr>
<tr><td colspan="2">（三）教法分析及信息化教学手段</td></tr>
<tr><td colspan="2">1. 教学方法</td></tr>
<tr><td>教法</td><td>任务驱动教学法、案例教学法、问题导向教学法、参与式教学法</td></tr>
<tr><td>学法</td><td>参与式、讨论式、探究式</td></tr>
<tr><td colspan="2">2. 信息化教学手段</td></tr>
<tr><td colspan="2">课程在线学习平台的所有信息化教学资源，包括课件、微课、动画、习题、任务单、测验、考试及直播等。

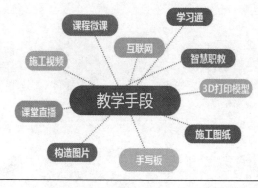</td></tr>
</table>

续表

教学环节		课前		设计思路
		教学活动		
		教师活动	学生活动	
教学实施过程	发布任务	（1）在网络课程平台发布通知，公布本次课程的教学项目及任务，发布微课视频二维码。 楼梯剖面 （2）在课程平台讨论区发布问题。 问题①：楼梯建筑施工图包括哪些内容？ 问题②：踏步级数、踢面数、踏面数三者有什么关系？ （3）线上解答学生预习中遇到的问题。 （4）监测学生的学习动态和学习数据，及时调整教学侧重点。 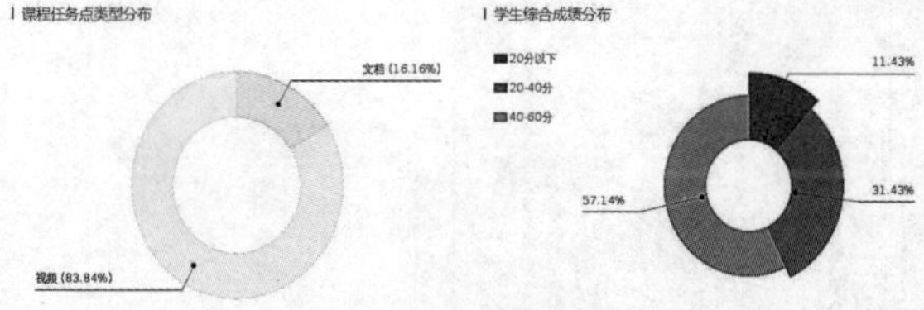 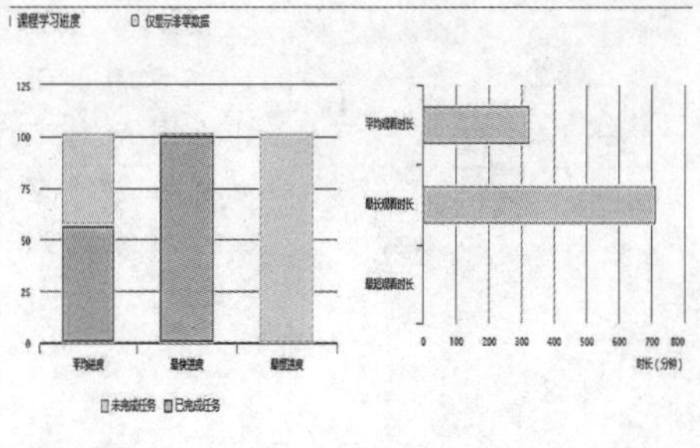 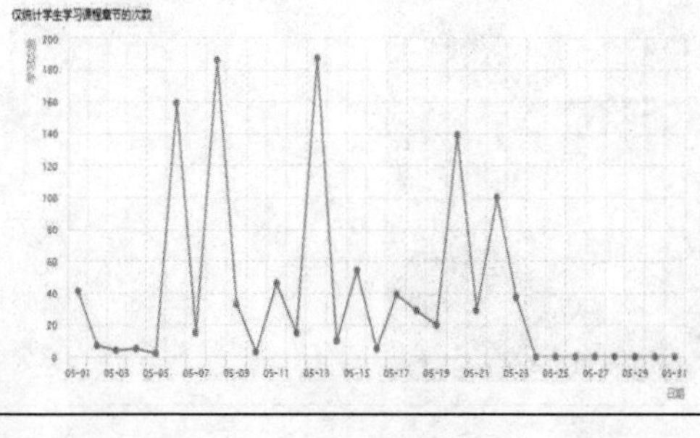 	（1）登录课程平台预习课程内容，扫二维码观看微课视频及本课程的教学资源，初步了解本次课程的知识点，完成课前预习。 （2）根据已学知识和本次课前预习在课程平台讨论区回复讨论问题。	（1）为课程新知识的学习做好知识储备。 （2）通过信息化的网络平台，学生体会移动学习的便利与快乐，从而激发学生的学习兴趣。 （3）学生完成课程平台发布的问题，丰富平台的资源库和数据。

149

续表

课中			设计思路
教学环节	教学活动		
	教师活动	学生活动	
创设情境，引入新课（15'）	（1）总结所有学生的预习成果。 （2）通过课程平台的抢答功能选择学生回答课前问题，引导学生对预习的内容进行思考。 （3）带领学生再一次背诵读图口诀。 （4）通过上一次课程识读平行双跑楼梯平面图，引出本次课讲授的内容：以实训楼楼梯间施工图为例识读平行双跑楼梯剖面图。	（1）通过教师的点评，学生反思课前预习的不足之处。 （2）回答课前的提问。 （3）学生积极参与课堂互动，激发对本模块内容的学习兴趣，加深对知识的理解和记忆。	（1）以问题形式引出新课内容，为新课的学习打下基础。 （2）通过多次背诵读图口诀使学生明白正确读图楼梯建筑施工图对未来实践的重要性，从而激发学生的学习热情。
三维仿真演示、基础知识学习（20'）	（1）基础知识介绍 　　结合3D打印平行双跑楼梯模型和PPT介绍剖面图的图示内容。 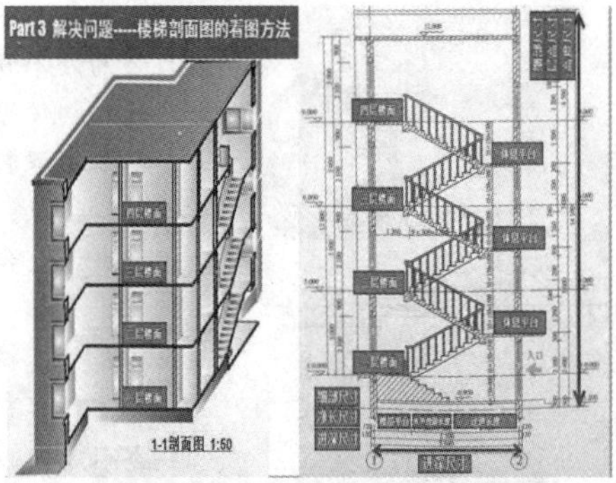 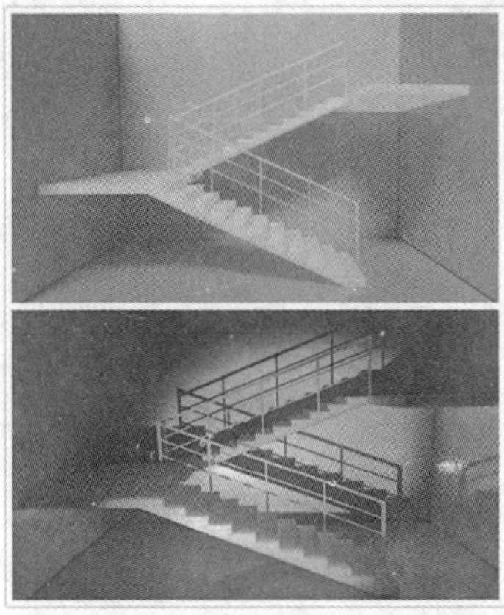 	（1）学习剖面图的图示内容和要求，将重要的内容记到笔记本上。	（1）充分利用学生对软件三维仿真功能的兴趣点实施教学，学生发现问题、探索问题。

　　楼梯剖面图能清楚地表明楼梯梯段的结构形式、踏步的踏面宽、踢面高、级数以及楼地面、楼梯平台、墙身、栏杆、栏板等构造做法及其相对应的位置。

　　要想使剖面图达到较好的图示效果，必须合理选择剖切位置和剖切后的投射方向。剖切位置应根据图样的用途和设计深度，在平面图上能反映全貌、构造特征以及有代表性的部位剖切。在设计过程中，一般选在楼梯间并通过门窗洞口的位置剖切。剖切数量视建筑物的复杂程度和实际情况而定，并用阿拉伯数字(如 1-1、2-2) 或拉丁字母 (如 A-A、B-B) 命名。剖面图习惯上不画基础，在基础的上部用折断线断开。

①剖面图的图示内容

A. 图名、比例。

B. 轴线编号与进深尺寸。

C. 楼梯结构类型和形式。

D. 其他细部构造和做法。

建筑物的层数、楼梯梯段及每段楼梯踏步个数和踢面高度；室内地面、各层楼面、休息平台面的位置；楼梯间门窗、窗下墙、过梁、圈梁等位置；楼梯段、休息平台及平台梁之间的相互关系等。

E. 竖直方向的尺寸和标高。

需要标注尺寸的部位有：各梯段和栏杆栏板的高度尺寸，楼梯间外墙上门窗洞口的高度尺寸等。梯段的高度尺寸可用级数与踢面高度的乘积来表示，应注意的是级数与踏面数相差为 1，即踏面数 = 级数 −1。

F. 在楼梯剖面图中，需另画详图的部位，应画上索引符号。

G. 某些建筑材料注释。

②图示方法与内容

A. 在建筑底层平面图中，需要剖切的位置应标注出剖切符号及编号。绘出的剖面图下方写上相应的剖面编号名称及比例。建筑剖面图主要用来表达房屋内部空间的高度关系。详细构造关系的具体应用法规应以较大的比例绘制成建筑详图，如建筑规模不大、构造不复杂。建筑剖面图也可用较大的比例（如 $\geqslant 1 : 50$），绘出较详细的构造关系图样。这样的图样称为构造剖面图。

B. 标高：凡是剖面图上不同的高度（如各层楼面、顶棚、层面、楼梯休息平台、地下室地面等）都应标注相对标高。在构造剖面图中，一些主要构件还必须标注其结构标高。

续表

		C.尺寸标注：主要标注高度尺寸，分内部尺寸与外部尺寸。外部高度尺寸一般标注三道：一道尺寸，接近图形的一道尺寸，以层高为基准标注窗台、窗洞顶（或门）以及门窗洞口的高度尺寸；第二道尺寸，标注两楼层间的高度尺寸（即层高）；第三道尺寸，标注总高度尺寸。 ③楼梯节点详图 在楼梯平面图和剖面图中没有表示清楚的踏步做法、栏杆栏板及扶手做法、梯段端点等的做法等常用较大的比例另出详图。 踏步详图主要表明踏步的截面形状、大小、材料以及面层的做法；栏板与扶手详图主要表明栏板及扶手的形式、大小、所用材料及其与踏步的连接等情况。在多层建筑中，若中间层楼梯完全相同时，楼梯剖面图可只画出底层、中间层、顶层的楼梯剖面，在中间层处用折断线符号分开，并在中间层的楼面和楼梯平台面上注写适用于其他中间层楼面的标高。 （2）三维仿真演示 ①结合 BIM 进行三维仿真演示，展示楼梯剖面图的形成原理。借助剖切、旋转和放大等功能，展示楼梯剖面具体的形成过程：楼梯剖面图是用假想的垂直剖切面沿楼梯段长度方向剖开，移去假想剖切面以外的部分，然后往另一楼梯段方向投影，所得到的剖面图。表示楼梯剖面图剖切位置的剖切符号应在底层楼梯平面图中画出。 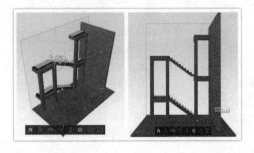	（2）观看三维仿真演示，在课前预习的基础上，进一步加深对楼梯剖面图形成原理的理解。	（2）通过三维操作楼梯图的过程，发学生前基础记楼梯图的形成原理。	（2）通过仿真展示剖面图形成激思考的牢，在预习上梯图的方法和进一步掌握剖面图的形成原理。

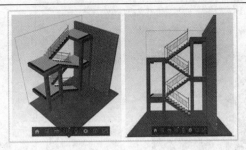

②发布 BIM 模型二维码和 3D 打印机打印出来的平行双跑楼梯模型，让学生自己动手剖切楼梯模型，对照模型体验楼梯剖面图的形成过程。

③穿插工程事故的案例图片。

从实际案例出发，说明不懂构造，只看剖面图不看平面图施工引发的工程事故和施工时不会识读楼梯踏步尺寸导致的工程事故案例。

（3）观察3D打印楼梯模型的同时，自己动手在 BIM 模型上剖切，感受剖面图的形成过程。同时，再与图纸进行比对理解。

（4）观看工程事故的案例照片。与教师共同分析事故发生的原因。

（3）学生观察 3D 打印的楼梯模型，通过这种最直观有效的教学方式充分调动学生的感官认知，丰富空间想象能力，将复杂的问题清晰化。

（4）导入工程事故案例的图片，强调懂构造、会识图在施工过程中的重要性。既活跃了课堂气氛，又在潜移默化中增强了学生的责任感和职业精神（课程思政元素的融入）。

续表

	④以学校内实训楼楼梯剖面图 CAD 图纸为例，师生共同识读楼梯剖面图。  A.看剖切位置。 B.看标高。了解楼层、中间平台高度、窗洞口及栏杆高度。 C.看细部尺寸标注。了解踏面宽度、踢面高度及踏步数量。 D.看详图。找索引符号，看栏杆扶手、踏步防滑构造做法。	（5）跟随老师的节奏，师生共同识读案例中的楼梯剖面图。	（5）依托生活中每天都能看到的楼梯案例，进行图纸识读的练习，可提高学生的兴趣，降低识图的难度。
自主探索，重点、难点突破（50'）	（1）以小组为单位通过课程平台给学生分发电子版楼梯剖面图纸，让学生按照前面所学的识图方法练习识读，将识图结果填入课堂任务单中。 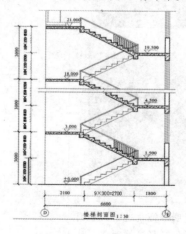	（1）学生按所学的方法练习识读。 （2）在识读过程中，小组成员之间可以线上交流学习，遇到问题可以寻求老师进行解答。 （3）学生共享屏幕，按照识图技巧"由外向里，由大到小"的顺序依次讲解。 （4）小组之间进行打分互评。	（1）趁热打铁，让学生应用新学知识，同时检验学生的掌握情况。 （2）采用分组教学法，不仅能活跃课堂的学习气氛，还能强化学生在学习上的竞争意识、团队精神以及沟通交流的能力，从而进一步提高教学效果。 （3）通过识读楼梯剖面图的过程培养学生严谨、细致、精益求精的工匠精神（课程思政元素的融入）。

续表

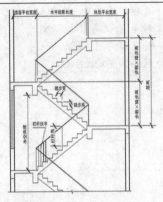

（2）教师指导学生练习，教师只在发现学生错误时，提供必要的指导和帮助。对学生提出的问题进行现场解答。

（3）利用课程平台数据从每小组选取一名课前预习不理想的同学共享屏幕，按照识图技巧"由外向里，由大到小"的顺序依次讲解。

图纸会审、角色扮演（10'）	最后，以某校外工程楼梯间施工图为例，对楼梯平面图、剖面图、详图进行综合识图练习。模拟图纸审核和会审环节，采用角色扮演的方式，由教师扮演建设方来主持，将学生分组组成设计小组、施工小组、监理小组。由各小组首先识读建筑施工图，完成识读报告，进行图纸审核，然后设计小组对图纸交底，介绍图纸的内容及设计思路，施工小组、监理小组提出图纸中存在的问题，最后由各小组共同研究，提出解决问题的思路，统一意见，完成图纸会审纪要。	（1）小组之间角色扮演，识读图纸。模拟设计、施工、监理三方进行图纸会审。（2）听取教师的总结评价，取长补短。	（1）通过模拟图纸会审的情境教学，在课堂上模拟真实的社会环境，建立真实的社会关系，师生扮演真实的社会角色，营造自主学习和交互学习的氛围，打破单调枯燥的课堂教学环境，激发学生的兴趣，让学生主动发现和思考问题，也让学生得到了现实体验，培养了学生理论结合实践的能力。（2）通过小组讨论方式强调学生对课堂的参与，学生处于主体地位。通过小组角色扮演，提高学生的逻辑思维能力、沟通表达能力和团队协作精神。教师在此过程中，主要是完成点评任务，在每组汇报完成后，点评其成果，调动课堂气氛，并将理论知识穿插其中。

续表

<table>
<tr>
<td rowspan="2">劳动实践</td>
<td>最后，让学生带走个人物品，将本次课的教学场所清理干净。</td>
<td>清理智慧教室，检查各种电子设备和电源开关是否关闭，带走个人物品，恢复教室原状。</td>
<td>让学生清扫实训室，培养学生良好的职业习惯和职业素养。</td>
</tr>
<tr>
<td colspan="2" align="center">课后</td>
<td rowspan="2" align="center">设计思路</td>
</tr>
<tr>
<td rowspan="2">教学环节</td>
<td colspan="2" align="center">教学活动</td>
</tr>
<tr>
<td align="center">教师活动</td>
<td align="center">学生活动</td>
<td align="center"></td>
</tr>
<tr>
<td>课后巩固</td>
<td>（1）要求学生完成课程平台本次课的所有任务点和小测试。
（2）完成楼梯间施工图的图纸会审纪要，Word版本上交平台。
（3）网上评阅学生作业，统计成绩。
（4）对学生的在线提问进行答疑。
（5）找出完成课程任务和作业不理想的学生，重点辅导和答疑。</td>
<td>（1）完成平台作业。
（2）对感兴趣的问题在线提问。</td>
<td>（1）课后巩固学习，帮助学生开展自主训练，巩固课堂所学知识。
（2）利用网络在线答疑的功能，随时随地解决学生的问题，巩固所学的知识点，提高学习效率。</td>
</tr>
</table>

考核评价	评价原则	课程采用形成性评价与总结性评价相结合的方式，并且提高了形成性评价比例，注重对学生学习过程的控制与评价，使考核具备知识考核和能力考核的双重功效。其中形成性评价包括课堂提问或在线测试、在线讨论、单元在线测试、学习任务成果等。总结性评价以笔试的形式进行，考查学生课程学习的整体效果是否达到教学目标的要求，充分体现课程考核的全程化、多元化思想。						
	评价主体	教师评价＋学生评价＋线上成绩						
	评价权重	课前任务点	组间互评	教师评价	线上作业	到课率	在线讨论	抢答（选人）
		课程平台计分	学生评分	教师评分	教师评分＋平台计分	每缺勤一次扣2分	课程平台计分，每次加2分，满分10分	每次加5分，满分10分
		20%	30%	30%	20%			

特色创新	（1）基于"互联网+BIM"教学模式，培养企业和行业需求的高级技术技能型人才。建立基于"互联网+BIM"教学模式以及"建筑与教育"融合的信息技术手段，发挥线上和线下教学优势，遵循以学生为中心的现代教育理念，利用"互联网+BIM"技术融合，发挥教师在教学中的引领、指导及监督的作用，更好地调动学生的积极性、主动性和创造性，因而取得良好的教学效果。使得高职土建类学生变被动学习为主动学习，熟练掌握专业知识和专业技能，成为满足企业和行业需求的高级技术技能型人才。 （2）发挥传统教学优势，联合使用多媒体、绘图软件等教学工具。传统教学模式采用PPT、模型等形式随堂讲授，教师生动有趣地讲解可以感染学生，激发学生的兴趣，活跃课堂气氛。当然，传统教学也有弊病，如作图不精确、传递信息量有限等问题。将BIM技术应用到工程识图项目化教学中可以充分发挥BIM技术在三维可视化和虚拟建造方面的优势，弥补学生空间想象力差的问题。 （3）开展混合式教学，以学生为中心，推进考核改革。在线课程的设置是对传统线下课程的补充，弥补了课堂学时不足的问题。混合式教学增强了学生学习的自主性，提升了课程学习效果，提高了学生的专业知识水平。 线上与线下课程教学紧密联系，各自发挥优势，实现优质资源共享互补。授课教师将二者共同纳入课程成绩评价体系，对在线课程中学生的表现与学习效果进行考核，考核结果纳入课程期末综合评价体系，与线下课堂表现、课后作业和期末考核一起综合加权给定课程的学习成绩。 （4）思政融合，培养复合型人才。教学内容不仅包括专业技术内容，还要体现职业道德教育、从业精神教育等思政教育内容。它们的衔接不是直接插入内容，而是以专业内容为主，通过案例等形式渗透思政教育内容。以具体的工程案例告诫学生，一定要牢固掌握专业知识，夯实基础，并在从业过程中时刻保持安全警惕性，增强学生的社会责任感。 （5）以就业为导向，以职业岗位能力为主线，增强学生的职业能力。在教学中不仅介绍教材中的内容，同时介绍规范的要求，强调规范在实际工作中的重要作用。在教学中要满足建筑行业岗位能力要求，传授给学生最新的、最能满足建筑企业需要的知识、能力和素养，进而助推学生从"就业导向"迈向"产业需求导向"，保证工程建设的质量和安全，真正为公民的切身利益着想，以建筑行业标准来规范自己的建设行为。通过模拟图纸会审的环节，突出以职业能力的培养为核心，以实际需要选取教学内容，实现了学习过程与工作过程的有机统一。

续表

教学效果及反思	（1）充分利用 BIM 三维仿真、微课视频等对教学重点和教学难点环节进行突破，把抽象的理论知识变得直观形象，让学生在短时间内达到理想的学习效果。 （2）针对课程特点，采用任务驱动、问题导向、案例、参与式教学等教学方法，将原本枯燥难懂的教学重点、难点进行细分，通过最直观有效的教学方式充分调动学生的感官认知，丰富空间想象能力，将复杂的问题清晰化，使学生在观察思考中学习到新知识。 （3）采用分组教学法，促进学生互相帮助，共同提高。在采用"先教后学"或"先学后教"的教学过程中，配合采用分组教学法，更加有利于发挥学生在教学过程中的主体作用。分组教学法促进了学生之间的互相帮助，达到了共同提高的目的，是提高课堂教学有效性的一个很好的教学途径。 （4）在整个教学过程中围绕学生主体，课堂气氛活跃，学生在学习专业知识的同时，也培养了其学习能力、沟通交流能力及团队合作精神。 （5）加强课程案例视频资源、题库资源建设，不仅从"量"的角度，也从"类型"与"质"的角度充实教学资源，拓宽学生视野。 （6）基于不断变化的在线课程内容和专业规范标准，加强教材建设，及时更新配套教材。 （7）由于学生学习能力的差异，导致部分学生课堂参与度不够。学生是否主动参与是师生、生生之间有效沟通的前提，可在授课过程中采用分层教学的方式，激励更多学生积极地参与到课堂中来。

附件：

（1）课前学习任务单。

（2）课中学习任务单。

（3）课后学习任务单。

附件1

课前学习任务单

目标任务1：学习微课视频及课程平台其他学习资源。 目标任务2：完成在课程平台发布的讨论问题。 问题①：楼梯施工图包括什么？ 问题②：踏步级数、踢面数、踏面数三者的关系。		
在课前学习任务中，你最喜欢用哪种方式获取知识？（　　）（多选） A. 研读教材 B. 学习网络教学视频和微课 C. 在线作业和测试 D. 实际调研 E. 网上交流探讨 F. 其他	通过课前学习，你感觉本部分的难点问题是（　　）（多选） A. 踏步尺寸组成 B. 楼梯段水平及竖向尺寸标注 C. 踏步级数 D. 剖面图成图原理 E. 详图识读 F. 其他	通过课前学习，你觉得最有收获的方面是（　　）（多选） A. 锻炼了自学能力 B. 提高了交流能力 C. 培养了实践调研能力 D. 加强了竞争意识 E. 改进了学习方法 F. 其他

附件2

课中学习任务单

目标任务1：学习楼梯剖面图、详图的识读方法。

目标任务2：练习识读学校实训楼北部楼梯间剖面图。

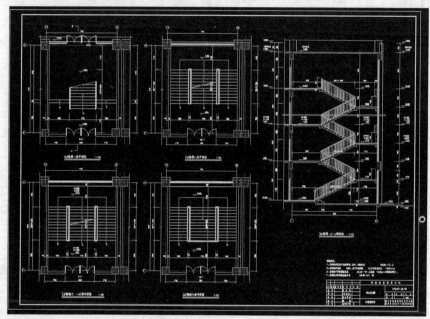

目标任务3：以小组为单位，将识图结果填入图中。

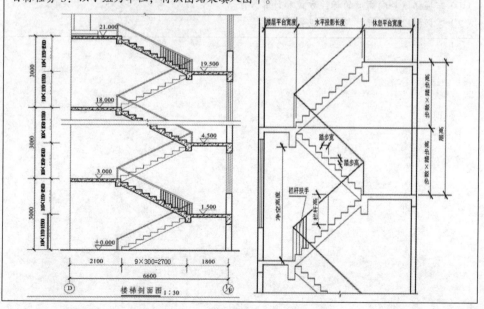

续表

目标任务4：采用角色扮演的方式模拟图纸审核和会审环节，识读楼梯平面图、剖面图、详图。

要求：

（1）掌握梯段竖向高度的标注方式和计算方法。

（2）掌握梯段尺寸标注与踏步级数的判别。

附件3

课后学习任务单

目标任务1：完成图纸会审纪要，Word 版上传平台作业区。
目标任务2：识读下图，完成课后小测试。

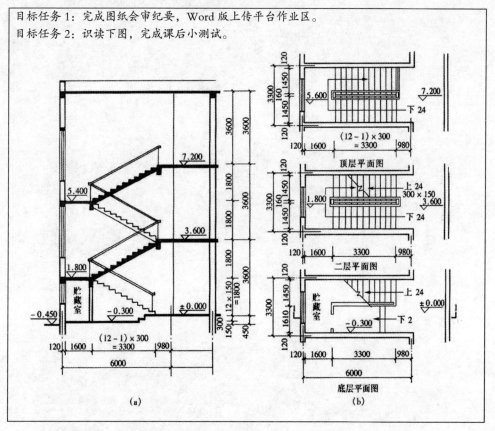

请根据图纸完成以下内容：

1. 该楼梯的开间为 _____ mm。
2. 该楼梯的进深为 _____ mm。
3. 该楼梯的楼梯宽度为 _____ mm、_____ mm。
4. 该楼梯的水平投影长度为 _____ mm。
5. 该楼梯的梯井宽度为 _____ mm。
6. 该楼梯的休息平台宽度为 _____ mm。
7. 该楼梯的墙体厚度为 _____ mm。
8. 该楼梯的踏步宽度为 _____ mm。
9. 该楼梯的踏步高度为 _____ mm。
10. 该楼梯间的层高为 _____ mm。
11. 每个梯段的高度为 _____ mm。
12. 踏步数量为 _____ 级。
13. 底层休息平台标高为 _____ mm。
14. 栏杆扶手的高度为 _____ mm。
15. 室外地坪的标高为 _____ mm。

第四章　教学实施报告

一、教学设计

（一）教学内容

1.课程定位

"房屋建筑构造"是建筑工程技术专业开设的专业核心课程。本课程理论性和实践性均很强，内容广泛，主要研究房屋各部分的构造组成、原理、设计方法及施工做法。本课程以"建筑制图"等课程为基础，与后续"建筑施工技术"等课程密不可分。它在本专业系列课程中起着承前启后的重要作用。对于建筑工程技术专业的学生而言，本课程的学习内容是整个人才培养体系的核心所在。因此，本课程建设以职业岗位能力和岗位需求为目标，注重学生的实践应用能力的培养。

2.内容的选取

楼梯是建筑构成的六大要素之一，也是建筑物中重要的垂直交通联系，供人们平时上下楼和紧急疏散时使用。本次教学项目是课程中承上启下的学习内容，也是本课程的重难点所在。

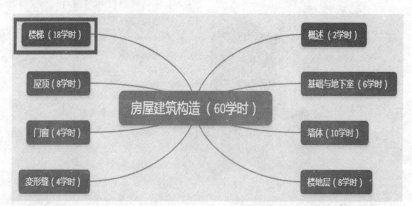

本课程的知识与技能主要服务于施工现场施工员、材料员、资料员等工作岗位。岗位职业技能要求技术人员会看施工图、会绘制施工图、能够指导施工。为此，本项目教学内容的设计结合本课程的课程标准和"1+X"建筑信息模型（BIM）职业技能等级标准的要求，将教学内容整合为六个模块共18学时，本次教学设计主要针对前五个模块。

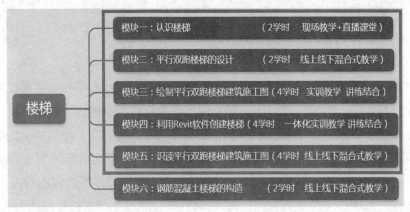

（二）教学目标

基于教学内容，结合课程标准、《"1+X"建筑信息模型（BIM）职业技能等级标准》的要求，依据学生的认知和实践能力，确立教学目标如下。

（1）掌握楼梯各部分的构造组成和常见尺度。
（2）掌握双跑楼梯构造设计的方法。
（3）双跑楼梯建筑施工图的绘制方法。
（4）用 Revit 创建双跑楼梯的方法。
（5）双跑楼梯施工图识读的方法。

（1）能够对双跑楼梯进行构造设计。
（2）能够绘制双跑楼梯。
（3）能够用 Revit 创建楼梯。
（4）能够识读双跑楼梯的建筑施工图。

（1）培养学生自主学习的意识，促进学生独立思考。
（2）培养学生分析问题、解决问题的能力，提升职业技能。
（3）培养学生理论联系实际、举一反三的能力。
（4）培养学生严谨、细致、精益求精的工匠精神。

（三）学情分析

本课程主要面向建筑工程技术专业的学生，在大一第二学期开设。经分析具备以下特征。

（1）知识基础：第一学期学生已经学习了"建筑制图"等本专业的基础课程，本学期学生也已经学习了本课程的前半部分内容，对本课程的特点和学习内容已基本了解、基本掌握了本课程的学习方法。同时，经过半年基础课程的学习和集体生活，学生们已经具备初步的专业基础知识，对校园的学习环境已经熟悉，团队凝聚力强，易于组织开展小组活动。

（2）学习特点：大一的学生，对建筑构造比较陌生，学生普遍抽象思维能力不强，通过现场以真实的情境进行教学，实现将平面图纸与建筑物的实体对接，更形象、更具体。同时，年轻人对电脑软件、网络学习好奇心强，动手能力强，喜欢直观互动的学习方式。通过问卷调查发现，绝大多数学生易于接受信息化教学的手段。在教学过程中，根据他们的喜好和动手能力强的特点，辅以信息化的手段对知识进行讲解，多与生产实际相结合，使学生能够更好地掌握楼梯构造知识。

（四）教学重点、难点

1.本模块教学重难点

结合岗位需求和课程标准确定教学重点，通过学情分析获得教学反馈，确定教学难点。

教学重点：楼梯的构造组成、尺度及设计方法。

教学难点：用 Revit 创建楼梯、识读楼梯平面图。

2.解决重难点方法

解决办法一：对于教学重点——楼梯的构造与尺度及设计方法，在教学中以任务引领为主线，教师采用"现场教学＋线上线下混合式"教学的模式，辅以网络直播的教学手段，形成开放式的智慧课堂。以真实的情境开启全程参与式的学习过程，引领学生自主学习、积极探索，培养学生空间想象能力，突出教学资源的有效利用。以任务驱动的教学方法，锻炼学生的动手操作能力，提高课堂教学效率。

解决办法二：对于教学难点——楼梯施工图识读，需要学生有空间感，但是很多学生这方面的能力不足，学习吃力。在教学中，教师充分融入 BIM 技术，如在课前准备阶段，学生查看课程平台中与楼梯识图相关的 BIM 动画及微课视频；在课中实施阶段依托学校教学楼楼梯间施工图纸结合规范、图集，借助 BIM PPT、CAD 和 Revit 3D 打印模型，进行楼梯建筑施工图识图的讲解，在便于学生对知识点的理解和掌握的同时，可以充分调动其学习积极性。

167

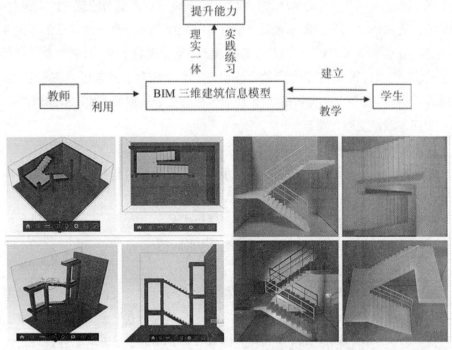

（五）教学方法

针对当代大学生的学习特点，将线上与线下融合，发挥各自优势，将自主学习与协作学习结合，既重视个体学习，也强调小组学习的优势。根据课程中不同的教学目标和教学内容，主要采用以下几种教学方法。

（六）教学资源与信息化手段

1. 教学资源

教学资源包括视频资源（Revit 动画、案例视频、微课视频等）、精品课程网络教学平台、图片资源、3D 打印建筑模型、施工图纸及文本资源（自编教材、电子教材、课件、教案、学习工作页、教师工作页等）。

2. 校内资源

课前学生利用校园网络、机房、手机、平板电脑、个人笔记本等信息设备查阅相关资料，登录课程平台进行自主学习。课堂上则使用学校的智慧教室、理实一体化教室、校园内已有建筑物、多媒体设备等校内资源，师生共同完成本次课的学习。

3. 校外资源

河北能源职业技术学院校企合作办学资源优势明显，合作企业可提供教学实训场地，企业专家还可录制与课程内容相关的实际案例讲解视频供学生学习，同时邀请企业专家参与学生考核等环节。

二、教学实施

（一）教学实施基本思路

课堂教学模块针对建筑工程领域新发展、新要求，基于 OBE（教育是一种能力培养、能力训练）教学理念，构建"一坚二融三环三实"课程教学新模式。

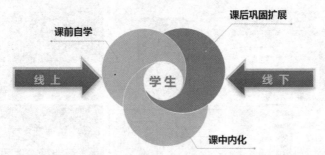

"一坚"指坚持一个中心，即以学生为中心；"二融"指融通线上、线下两个空间，推进课程的混合式学习；"三环"指在学习过程中要经历课前自学、课中内化、课后巩固扩展三个环节；"三实"指通过课程改革，力求实现以教为主到以学为主的转变、以理论为主到理论实践一体化的转变、以终结性评价为主到以形成性评价为主的转变。

实训教学模块以任务引领为主线，在课程设计中引入 OBE 教学理念的同时，针对行业岗位需求，将课程"学习产出"与知识点关联，将知识点任务化，按照职业能力—工作任务—学习任务—学习项目—知识点的反向设计模式，对知识点重新进行梳理。同时，将线上线下混合式教学的模式应用于实训教学中，以信息化为平台，将"教、学、做"融为一体，师生、生生互动，因材施教，因课施教。

同时基于超星学习通和智慧职教 MOOC 课程平台构建"5+5"互动的教学模式形成智慧的学习空间。即教师的备课、授课、布置作业、批改作业、改进教学，学生预习、上课、完成作业、查看反馈、改进学习等十个环节相互影响、师生互动。

（二）教学实施基本流程

将教师的教学活动和学生的学习活动分为三个阶段，师生双方的活动相互呼应。

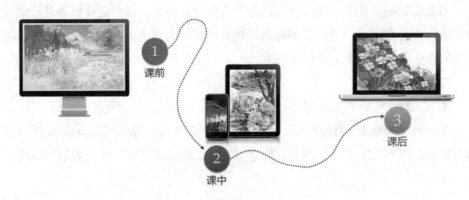

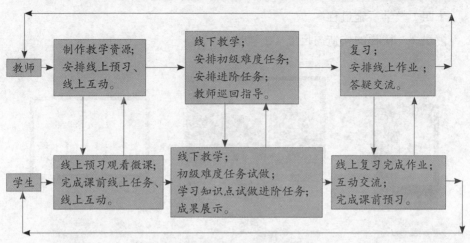

（三）教学实施总体方案

本次课程通过课程团队的前期教研，根据学生的学习基础将教学内容划分为四个模块，主要由四位教师共同完成授课任务，其中三人为校内专职教师，1 人为校企合作企业兼职教师。专职教师主要负责课堂教学任务，兼职教师主要负责 Revit 软件实训指导和作业评价任务。全部模块共安排 16 个学时教学。

（四）教学实施过程

模块一　楼梯的构造与尺度（2 学时）

课前

课中

课后

授课教师负责制作教学资源，上传至网络教学平台，并安排预习任务，学生登录学习平台，观看和学习相关资源，完成预习任务，并可通过论坛与其他学习者及授课教师进行沟通。

教师带领学生到校园内真实的楼梯间进行现场教学，重点讲解楼梯的组成和各部分的尺度要求，并通过教学平台分组下发任务。同时采用平台直播的形式分享给场外的学生学习。以学生为主体，学生现场实测实量，采用微中学的模式在完成任务的同时掌握所学的知识。教师进行指导，进而对教学重点和难点进行总结，通过智能终端对课堂学习结果进行现场考核，并对课堂任务完成情况进行评价与反馈。

教师利用教学平台布置作业，学生利用网络教学平台完成作业和测试，可提出问题，并与教师进行答疑交流。最后，教师根据平台的网络数据对成绩不理想的学生进行重点辅导，在线答疑。

模块二　平行双跑楼梯的构造设计（2 学时）

课前

课中

课后

授课教师负责制作教学资源，上传至网络教学平台，并安排预习任务，学生登录学习平台，观看和学习相关资源，完成预习任务，并可通过论坛与其他学习者及授课教师进行沟通。

教师由线上预习引出本课堂的学习任务，以教学楼的真实楼梯间为设计案例，教师重点讲解平行双跑楼梯的设计方法和步骤，对于教学中的难点采用现场案例讲解的方式。然后通过教学平台下发任务。学生完成对平行双跑楼梯的设计。教师进行过程指导。通过智能终端对课堂学习结果进行现场考核，并对课堂任务的完成情况进行评价与反馈。

教师利用教学平台布置作业，学生利用网络教学平台完成作业和测试，可提出问题，并与教师进行答疑交流。最后，教师根据平台的网络数据对成绩不理想的学生进行重点辅导，在线答疑。

模块三　绘制平行双跑楼梯建筑施工图（4学时）

课前

课中

课后

授课教师负责制作教学资源，上传至网络教学平台，并安排预习任务，学生登录学习平台，观看和学习相关资源，完成预习任务，并可通过论坛与其他学习者及授课教师进行沟通。

教师带领学生在绘图实训室布置课堂任务，采用任务驱动的教学方法带领学生边练边讲，在反复地讨论与互动中完成课堂任务，进而将所学的知识融会贯通，达到提升能力的目的。学生完成任务后，选出3-5名学生展示绘图作品并分享绘制心得。其余学生通过课程平台为优秀的作品投票，同时可取长补短修改自己的作品。

教师根据教学内容编制实训指导书，学生完成实训任务在线提交实训报告，线下提交楼梯建筑施工图。同时学生可以在线观摩其他同学的作品，在线互评扣分。教师根据平台的网络数据对成绩不理想的学生进行重点辅导，在线答疑。将学习延伸到课外，进一步培养学生的学习能力。

模块四　Revit软件创建楼梯（4学时）

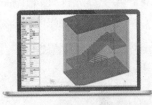

课前

课中

课后

利用网络课程平台发布本次课程的微课，通过观看微课做好调查问卷，根据数据统计，及时调整教学侧重点。

课中教师通过Revit软件的操作现场演示真题解题步骤并引出设计中常见的问题，学生通过使用课前分析数据。亲自参与其中，能更好地理解楼梯命令，同时熟悉考试题型，帮助其顺利取得"1+X"证书。在课程结束时还可以进行企业视频连线，通过企业专业人士的点评，使学生有更明确的学习目标。

教师利用教学平台布置作业，学生利用网络教学平台完成作业和测试，可提出问题，并与教师及企业人员进行答疑交流。最后，教师根据平台的网络数据对成绩不理想的学生进行重点辅导，在线答疑。

模块五　识读双跑楼梯建筑施工图（4学时）

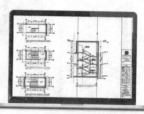

课前

教师课前将学习资源上传至课程平台，供学生自主学习和检索。学生接到预习通知后，利用教学资源进行自主学习，教师利用课程平台进行任务式下发。

课中

教师利用三维仿真、微课视频以及Revit软件对教学重点和教学难点进行突破，学生按任务书要求分组实施任务，教师实施走动式课堂教学管理，回答学生问题，进行差异化教学和操作，并即时考核。教师进行总结，布置课后作业。

课后

课后学生利用网络教学平台完成作业和测试，提出问题，教师根据平台的网络数据对成绩不理想的学生进行重点辅导、在线答疑。

（五）综合评价

课程采用形成性评价与总结性评价相结合的方式，并且提高了形成性评价比例，注重对学生学习过程的控制与评价，使考核具备知识考核和能力考核的双重功效。其中形成性评价包括在线测试、主题讨论等。总结性评价以图纸等形式进行，考查学生课程学习的整体效果是否达到教学目标的要求，充分体现课程考核的全程化、多元化思想。

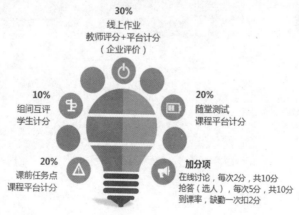

三、实施成效

本课程教学改革实践从2018年春季开始，对我校（河北能源职业技术学院）2017、2018级学生进行了试点，课程结束后，以授课班级学生为调查对象，对课程改革的实施效果进行了调查与分析，主要包括以下几个方面。

（一）成绩对比分析

以建筑 2016、2017、2018 级学生为研究对象，对比分析课程改革前后的成绩分布情况，如下图所示。2016 级代表课改前的成绩，2017、2018 级代表课改后的成绩，对比结果表明，课改后学生成绩显著提高，90 分以上的人数明显增多，课改明显提高了学业成绩，并且对学习动机明确的学生更有帮助。

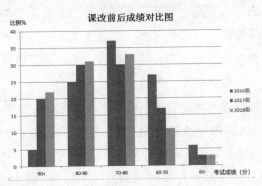

（二）学生满意度分析

在课程结束时利用网络教学平台对学生进行满意度问卷调查，问卷调查结果如下图所示。学生对课程整体满意度、考核评价方式及课程学习活动满意度较高，在很大程度上认可自主学习能力、综合素质和专业能力的提高。

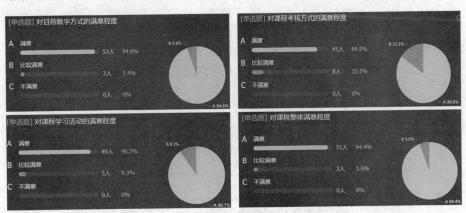

（三）学生感言

问卷中设计的主观题，主要涉及对课程学习的体会。关于课程学习，学生反映"翻转课堂不仅使我们理解、掌握了新知识，而且锻炼了表达能力"；关于混合式学习，学生认为"这种学习方式让我们必须独立思考、协作学习，课前预习和课后复习成了常态"；关于学习任务的反馈是"通过设计任务，不仅提高了动手能力，而且提高了软件操作能力如 PPT、Revit 等，以及团结协作的精神。"

（四）参加技能大赛，获得相关职业资格证书

近年来河北能源职业技术学院学生参加省级以上各专业技能大赛，多次获得大赛一等奖。通过参赛，学生不仅提高了制图、识图能力和综合技能，而且也强化了对相关专业知识的掌握和应用。

近三年获奖成绩如下：

河北省高校制图与构型能力大赛：获得团体一等奖 1 次、团体二等奖 2 次。学生个人获得特等奖 1 次、一等奖 3 次、二等奖 5 次、三等奖 6 次。

河北省电子信息职业技能大赛：获得计算机辅助设计项目团体二等奖 1 次，团体三等奖 1 次，学生获得个人二等奖 2 次。

河北省职业院校技能大赛建筑识图赛项：获得团体三等奖。

河北省电子信息职业技能大赛 BIM 技术应用赛项：获得团体三等奖。

选派学生参加这些比赛旨在培养学生的工程素质，建立团队协同工作的理念，营造学习专业知识、钻研专业技能的学习氛围，促使学生熟练掌握 BIM 软件建模技术。

2019 年 12 月，河北能源职业技术学院第一批学生参加了"1+X"建设信息模型（BIM）职业技能证书考核，并获得了职业技能等级证书，为学生今后就业打下了良好的基础。

四、教学特色

（一）重视案例演绎，创新教学手段

以校园内真实楼梯为载体采用现场教学的方法，利用课程平台的资源，将抽象的知识形象化，使学生置身于真实的建筑场景中，更容易引发学生学习的兴趣，进而主动去理解其中的构造原理，极大地提高了学生对楼梯构造的整体理解能力，增强了对楼梯构造的整体认识，实现了学生学习能力的可持续发展。

结合学生认知规律，将新媒体技术、3D打印技术融入建筑构造的教学过程中，将复杂的构造原理通过Revit软件实现三维立体的展现，同时通过3D打印模型为空间想象能力较差的学生提供了直观的认识。3D打印技术在教学中的应用，不仅激发了学生的学习兴趣，提高了课堂的教学效果，大大增强了学生学习的主动性，培养学生的实践动手能力和创新思维。

（二）开展混合式教学，以学生为中心，推进考核改革

在线课程的设置是对传统线下课程的补充，弥补了课堂学时不足的问题。混合式教学增强了学生学习的自主性，提升了课程学习效果，提高了学生的专业知识水平。

线上与线下课程教学紧密联系，各自发挥优势，实现优质资源共享互补。授课教师将二者共同纳入课程成绩评价体系，对在线课程中学生的表现与学习效果进行考核，考核结果纳入课程期末综合评价体系，与线下课堂表现、课后作业和期末考核一起综合加权给定课程的学习成绩。

（三）思政融合，培养复合型人才

结合新型冠状病毒肺炎疫情防控形势，教学内容不仅包括专业技术内容，还要体现职业道德教育、从业精神教育等思政教育内容。它们的衔接不是直接插入内容，而是以专业内容为主，通过案例等形式渗透思政教育内容。以具体的工程案例如"火神山速度""汶川地震""美国纽约'绊倒梯'"等和名人事迹"梁思成手稿图"告诫学生，一定要牢固掌握专业知识，夯实基础，并在从业过程中时刻保持安全警惕性，增强学生的社会责任感。

（四）以就业为导向，以职业岗位能力为主线，增强学生的职业能力

在教学中不仅介绍教材中的内容，同时介绍建筑相关规范的要求，强调建筑相关规范在实际工作中的重要作用。在教学中要满足建筑行业岗位能力要求，传授给学生最新的、最能满足建筑企业需要的知识、能力和素养，进而助推学生从"就业导向"迈向"产业需求导向"，保证工程建设的质量和安全，真正为公民的切身利益着想，以建筑行业标准来规范自己的建设行为。

五、整改反思

（1）由于学生学习能力的差异，导致部分学生课堂参与度不够，学生是否主动参与是师生、生生之间有效沟通的前提。在授课过程中如何采取分层教学，激励更多学生积极地参与到课堂中来，是今后要逐步解决的主要问题。

（2）在本课程教学模式下的教学，需要组建 BIM 方向复合型教学团队，这对教师提出了懂操作、会应用的高要求。要求教师不仅会 BIM 理论知识，还要能利用 Revit 等建模软件进行模型的建立，这就决定了 BIM 实践教学的开设需要投入较大的人力和财力，以保证 BIM 技术实践教学的长期性和可持续性。

（3）多媒体软件与传统教学相辅相成，切莫使教师成为课件的放映员，也莫让课堂成为教师的独角戏，要做到最佳配合，才能使教学效果达到最优。

第五章　特色创新报告

"房屋建筑构造"课程为了贯彻、落实《国家职业教育改革实施方案》的部署，全面推进教师、教材、教法改革，开展了有益的探索和创新。

一、教师改革

（一）树立立德树人、思政育人的观念

教师团队始终坚持"育人为本，德育为先"的宗旨，在课上结合新型冠状病毒肺炎疫情防控形势，教学内容不仅包括专业技术内容，还体现职业道德、从业精神等思政教育内容。以具体的工程案例和名人事迹告诫学生，一定要牢固掌握专业知识，夯实基础，并在从业过程中时刻保持安全警惕，增强学生的社会责任感。

（二）加强"双师型"教师建设，深化校企合作，建立多元师资团队，实现协同育人

根据"1+X"证书制度，课程组教师自 2018 年起便到合作企业进行深入的 BIM 技能学习，组建 BIM 方向复合型教学团队。通过专项培训、校企合作、引进企业兼职等方式使得师资力量多样化，实现协同育人的目的。截至目前，课程团队成员全部达到了双师素质。

二、教材改革

根据"互联网+"时代混合式教学和新型冠状病毒肺炎疫情期间"停课不停学"的双重需要，课程组将自编教材制成数字资源，上传至超星图书和智慧职教双平台，学生通过移动终端可随时随地免费阅读教材全部内容，配合课程平台的学习资源实现教材无纸化。自 2017 年课程平台建课以来，本课程平台访问量累计达到 140 万次以上。

三、教法改革

（一）构建"一坚二融三环三实"教学新模式

课程结合建筑工程领域新发展、新要求，基于 OBE（教育是一种能力培养、能力训练）教学理念，构建"一坚二融三环三实"课程教学新模式。

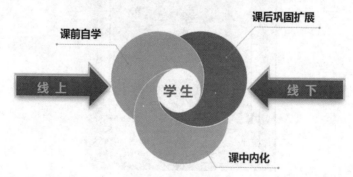

"一坚"指坚持一个中心，即以学生为中心；"二融"指融通线上、线下两个空间，推进课程的混合式学习；"三环"指在学习过程中要经历课前自学、课中内化、课后巩固扩展三个环节；"三实"指通过课程改革，力求实现以教为主到以学为主的转变、以理论为主到理论实践一体化的转变、以终结性评价为主到以形成性评价为主的转变。

以任务引领为主线，采用"现场教学 + 线上线下"混合式教学、"BIM 技术

+线上线下"混合式教学模式，辅以网络直播的教学手段，基于翻转课堂的方式组织教学，形成开放式的智慧课堂。

（二）BIM技能证书重构专业课程体系，将BIM技术融入专业核心课程

在建筑工程技术人才培养方案中融入BIM技能标准所要求的技能点。将BIM技能证书标准融入核心课程中，不仅能通过信息化手段对原有的课程进行改造升级，而且能让学生通过BIM手段实现教学成果的可视化，显著提高人才培养质量。

利用BIM技术的三维可视化、动态化特点，结合多媒体等信息化技术手段，增加了课程的趣味性和丰富性，不仅提高了学生的动手能力，创新思维和创造能力也得到了培养和提升，而且为以后的相关课程和工作打下了扎实的基础。懂BIM技术使学生成为建筑行业发展急需的专业素质人才，提高了学生未来的工作竞争力。

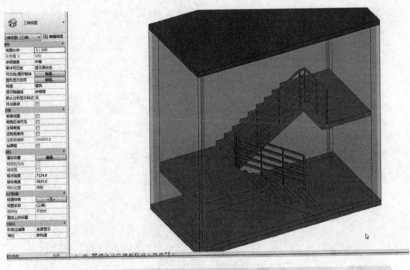

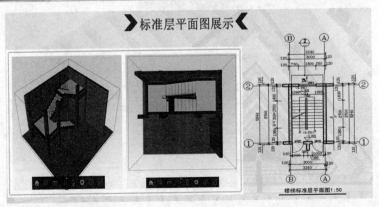

标准层平面图展示

楼梯标准层平面图1:50

参考文献

[1] 李寿冰. 高职院校开展 1+X 证书制度试点工作的思考 [J]. 中国职业技术教育，2019（10）：25-28.

[2] 唐以志. 1+X 证书制度：新时代职业教育制度设计的创新 [J]. 中国职业技术教育，2019（16）：5-11.

[3] 吴昆. 1+X 证书制度试点背景下的 BIM 技术人才培养模式研究与实践 [J]. 中国职业技术教育，2019（27）：13-16.

[4] 刘玉. 《房屋建筑构造》课程教学改革的探讨 [J]. 教育教学论坛，2010（35）：210-211.

[5] 何克抗. 现代教育技术在课堂教学中的应用案例设计与点评 [M]. 天津：天津教育出版社，2008.

[6] 孟琦. 信息化教学有效性的解读与对策分析 [J]. 全球教育展望，2008（1）：58-61.

[7] 李晓茹. 走出对教育信息化认识的误区 [J]. 现代农业，2005（5）：40-41.

[8] 王秀珍，刘丹. 浅析房屋建筑学课程设计教学中的管理控制——以湖南工程学院为例 [J]. 湖南工程学院学报（社会科学版），2012（1）：95-97.

[9] 安巧霞，孙三民. 房屋建筑学课程设计教学改革与实践 [J]. 科教导刊（下旬），2016（11）：109-110.

[10] 齐岳，张俊华，赵文军. 结合 BIM 技术的房屋建筑学课程改革探讨 [J]. 高等建筑教育，2014（6）：147-149.

[11] 欧阳志. BIM 技术在教学中的分析应用——以楼梯的设计为例 [J]. 工程技术研究，2018（09）：241-61.

[12] 陈春鸣，朱伟超，孙成访. 应用型本科院校房屋建筑学课程教学改革实践 [J]. 高等建筑教育，2018（03）：61-64.

[13] 卢红霞. 房屋建筑学"案例 + 项目"教学模式探索 [J]. 安徽建筑，2018（05）：44.